당신의 개와
티터치 입문하기

Linda Tellington-Jones 저 | 김혜정 역

행동, 건강과 수행에 영향을 주는 부드러운 접근

당신의 개를 생각할 때 먼저 마음속에 떠오르는 특징은 무엇입니까? 개의 "스마일", 다정한 동료애, "친구"를 만났을 때 개의 기쁜-자연스러운 짖음?

또는 당신은 개의 "나쁜 습관들"이 바로 생각납니까? - 아마도 개가 사람들에게 뛰어오르려고 하는, 때때로 집에서 하는 "사고들" 또는 산책할 때 줄을 당기는 방식?

모든 개는 독립적인 정신이고 당신이 나쁘거나 좋다고 부를 수 있는 것을 매혹적인 혼합물로 만드는 독특한 존재입니다. 이제 국제적 베스트셀러 신판 '당신의 개와 티터치 입문하기'에서 호평받는 동물 전문가이며 반려동물 트레이너인 린다 텔링턴 존스는 당신이 가지고 있는 당신의 개에 대한 "생각", 당신이 마음속에 가지고 있는 사진이 그 개가 궁극적으로 어떻게 행동하는지와 큰 관련이 있다고 설명합니다.

"당신의 생각을 바꾸면, 당신의 개가 바뀝니다."라는 것이 텔링턴 메소드로 유명한 린다의 이론입니다. 당신의 개가 "완전한" 조건이라고 생각함으로써, 당신은 문제적 행동의 해결, 즐거운 동반자 관계를 위한 훈련, 그리고 건강과 웰빙을 확실하게 하는 먼 길을 갈 수 있습니다.

이 추가된 "완전한 개의 정신 상태"는 전 세계를 통해 "텔링턴 티터치"로 알려진 린다의 부드러운 바디워크 과정입니다. 개의 몸에 다른 압력들과 패턴을 사용하는 써클 티터치의 시리즈들은 스트레스를 줄이고, 치유를 가속화하고, 집중과 학습 능력을 향상시킨다는 것이 과학적으로 증명되었습니다.

티터치는 개의 주의력, 의지, 자신감을 향상시킬 수 있도록 재미있는 방법으로 개발된 장애물 지상 코스인 린다의 플레이그라운드 포 하이어 러닝과 더불어 강압적이지 않게 최적의 의미로 의사소통을 하는 핸들러에게 제공하기 위해 신중하게 선택된 전문적인 훈련 장비가 보완되었습니다. 전반적으로 린다는 모든 개들, 전 연령, 견종과 체격에 따른 안전하고 부드럽고 이상적인 관리와 훈련을 위한 최상의 참고자료를 제공합니다.

반려동물이라는 사랑스러운 존재와 함께 살아갈 수 있다는 것은 정말 행복한 일입니다.

열심히 일하고 와서 집의 문을 열면 한결같이 나를 맞아 주는 개와 고양이들이 힘없는 나에게 다시 기운을 불어 넣어 주고 웃게 만들어 줍니다. 그래서 더더욱 무엇이든 다해 주고 싶고 건강하고 행복하게 오래 나와 함께하기를 바랄 뿐입니다.

이러한 바람에 텔링턴 티터치 메소드를 조금 늦게 알았다는 것은 아쉬운 일입니다. 나의 첫 번째 반려견이 고령이 되어서 힘들어 하고 있을 때 좀 더 편안하게 해 줄 수 있는 티터치를 해 주지 못해서 안타깝지만 그래도 텔링턴 티터치의 세계에 입문하여 티터치 패밀리가 되었다는 것은 정말 자랑스럽고 행복한 일입니다.

티터치의 세계에 입문하면서 가장 큰 변화는 개와 고양이를 사랑하는 마음에 더해 존중하게 되었고 개와 고양이의 표현과 행동을 더욱 세심하게 관찰하며 그들을 대하는 그리고 만지는 나의 손을 더욱 부드럽게 사용하려고 한다는 것입니다.

많은 보호자들은 반려견을 처음 입양한 후 사회에 적절히 적응시키는 과정에 필요한 정보를 방송이나 인터넷 검색을 통해 얻지만 내 반려견의 생활 환경과 보호자의 교육, 훈련 방법에 따라 다르기 때문에 최상의 결과가 아닐 수 있습니다.

한동안 모든 개들에게 하네스와 3미터 줄이 최고인 것처럼 방송되었을 때 많은 보호자들이 개의 성격과 훈련 방법에 대한 기초 지식 없이 사용하여 오히려 반려견의 바람직하지 않은 행동을 유발시키거나 위험한 상황에 처하기도 했습니다.

반려견의 입양에 대한 책임감에는 평생을 함께하는 것과 반려견과 소통하고 이해하여 서로 행복할 수 있도록 보호자로서 배우고 노력해야 한다는 것이 포함됩니다.

사람들은 개의 신체적 언어와 표현을 이해하기 전에 원하지 않는 개의 행동을 모두 '문제 행동'이라고 규정하고 '잘못되고 틀어진 것을 바로잡는다'는 '교정(correction)'이라는 말을 쓰며 그 행동을 그만두는 것에 초점을 맞추고 있습니다. 개의 표현과 행동에 대한 이해가 없으면 다양한 반응 행동(reaction)을 단지 공격으로만 생각해서 반응 행동을 보이는 이유를 확인하지 않고 개선하지 못하는 경우가 많습니다.

개들은 리드줄에 매어 있거나 철장 안에 갇혀 있을 때, 행동에 한계를 느껴서 낯선 개나 사람을 만나면 도망갈 수 없는 더 위험한 상황으로 받아들이고 먼저 짖거나 달려들려고 하는 반응 행동을 보이기도 합니다(장벽 좌절, Barrier Frustration). 그런데 이런 상황을 이해하지 못하면 리드줄을 더 당기거나 혼내거나 성격 문제라고 생각하고 무시하기도 합니다.

사람들이 보기에 바람직하지 않은 개의 행동을 문제 행동으로 교정해야 한다고 단정 지어 말하기 전에 개의 소통의 방법을 배우고 왜 그 행동이 시작되었는지 상황과 환경을 이해하고 무엇을 표현하고자 하는지 등을 파악하고 행동을 개선해 주는 것이 보호자의 역할입니다. 보호자와 반려견의 소통이 제대로 되지 않으면 양쪽 모두 엄청난 스트레스를 받게 되므로 반려견이 사람들과 공존할 수 있도록 보호자도 반려견과 소통하는 방법을 익혀서 공감하도록 해야 합니다.

개를 위한 티터치는 개를 관찰하고, 접촉하는 방법으로 세포를 활성화시키고, 바디랩으로 신체의 지각을 향상시키고, 지상에서 즐거운 활동을 함께하여 개들이 스스로 생각하도록 만들고 자신감이 증가되어 보호자와의 유대감이 강화됩니다.

이 책에서 티터치에 사용하는 각각의 티터치 명칭과 주요 용어들은 고유용어로 사용되고 있어서 최대한 번역하지 않았으며 의학적 그리고 전문 용어 등은 각주를 통해 이해를 돕고자 했습니다.

티터치는 사람이 반려동물을 위해 해 주고자 하는 모든 것들의 기초가 될 수 있다고 자신 있게 말할 수 있습니다. 티터치는 반려동물에게 마음을 전하고 사랑해 주고 건강하게 해 주고 자신감을 갖게 해 주고 더 오래 우리와 함께할 수 있게 만들어 주는 최고의 선물입니다.

국내 반려동물 가족은 매년 증가하고 있으니 티터치가 더 많이 보급되어 반려동물이 우리와 더 행복하고 건강해지기를 바라고 동물에 대한 신뢰를 바탕으로 하는 티터치 메소드가 국내 반려동물 문화를 더욱 성숙시킬 수 있는 계기가 되기를 바랍니다.

'당신의 개와 티터치 입문하기'를 번역하여 출판할 수 있게 도움을 주신, 저자 린다 텔링턴 존스(Linda Tellington-Jones) 박사님, "Behavior is Communication."이라고 가르침을 주시는 데비 포츠(Debby Potts) 선생님과 로렌 맥콜(Lauren McCall) 선생님 그리고 대만의 비키 후앙(Vicki Huang), 일본의 미카고 비어(Mikako Beer)와 대만과 일본의 많은 티터치 패밀리에게 감사를 전합니다.

2021년 2월
김혜정

목차

텔링턴 티터치 ™ 트레이닝(Tellington TTouch Training) - 개요

써클 티터치(CIRCULAR TTOUCHES)

기초가 되는 1과 1/4의 써클 티터치는 스트레스와 두려움을 줄이고 긴장 완화, 지각, 지능과 학습 능력을 향상시킨다. 티터치 바디 워크의 목적은 세포의 의사소통의 증가와 지원 그리고 개의 행복과 건강을 유지하는 것이다. 대부분의 티터치들의 이름은 린다 텔링턴 존스가 동물들과 함께 활동한 후 지어졌다.

아바론 티터치, 라잉 레오파드 티터치, 클라우디드 레오파드 티터치, 라쿤 티터치, 베어 티터치, 타이거 티터치, 트로이카 티터치, 라마 티터치, 침프 티터치, 코일드 파이선 티터치.

티터치 슬라이드 그리고 리프트 (TTOUCH SLIDES AND LIFTS)

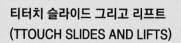

티터치와 마사지를 차별화하기 위해 개의 몸을 쓰다듬는 것을 슬라이드라고 부른다. 목적은 지각, 자신감과 웰빙의 느낌을 이끌어 내는 것이다. 릭 오프 더 카우스 텅이나 지그재그 티터치를 할 때, 손으로 모발을 부드럽고 가볍게 쥐고 미끄러진다. 파이선 티터치 리프트와 인치 웜을 하면, 피부가 위로 살짝 올라가고, 순환은 향상되고 편안해지며 깊은 숨을 쉬도록 해 준다.

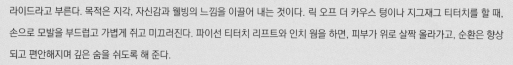

파이선 티터치, 타란툴라 풀링 더 플로우 티터치, 헤어 슬라이드, 릭 오프 더 카우스 텅, 노아스 마치, 지그재그 티터치.

신체의 특정 부위에 티터치(TTOUCHES ON THE SPECIFIC PARTS OF THE BODY)

몇 가지 티터치들은 신체의 특정한 부위에, 예를 들어 귀, 꼬리 또는 다리에 적용된다. 티터치에 따라, 써클, 리프트 그리고 슬라이드는 모발을 가로지르면서 할 수 있다. 이어 티터치는 진정과 집중시키는 데 유용하고 부상 후 쇼크 예방과 쇼크 후의 개에게 효과적이다. 마우스와 테일 티터치들은 감정에 영향을 주는 데 반해, 레그 써클은 균형과 유연성을 향상시킨다.

복부 들어 올리기, 마우스 티터치, 이어 티터치, 레그 써클, 발로 하는 또는 발에 하는 티터치, 테일 티터치.

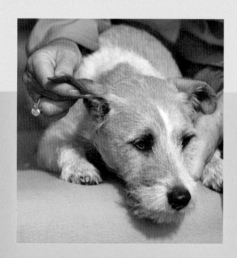

플레이그라운드 포 하이어 러닝
(PLAYGROUND FOR HIGHER LEARNING)®

플레이그라운드 포 하이어 러닝의 장애물 넘기는 개에게 협력과 집중을 가르치고 정신적, 신체적 그리고 감정적 균형을 향상시킨다.

라비린스, 다양한 표면, 티터-토터(시소), 보드 워크, 카발레티, 스타, 래더, 타이어, 콘으로 하는 슬라럼.

텔링턴 티터치 장비
(TELLINGTON TTOUCH EQUIPMENT)

텔링턴 티터치 장비는 티터치 바디워크와 지상 훈련의 효과를
증가시키며 몇 년 동안 발전되어 왔다. 다양한 하네스, 리드줄
로 하는 기술과 헤드 홀터를 사용하여, 우월적 힘 없이 개들이
생각하고 협력하도록 격려한다. 장비들은 단지 이 목적을 위
해서 설계되었고 선택되었다. 개의 균형을 이루게 해줄 수 있
고 리드줄 당김을 예방할 수 있다.

**완드, 밸런스 리쉬, 밸런스 리쉬 플러스, 수퍼-밸런스 리쉬, 하네
스, 바디 랩, 티셔츠.**

기본 지식

'당신의 개와 티터치 입문하기(Getting in TTouch with Your Dog)'가 처음 출간된 지 10년 이상이 지났다. 오늘날 30개국 이상의 사람들이 텔링턴 티터치를 자신의 개를 교육, 훈련하고 행동을 변화시키고 수행력을 향상시키고 개들의 건강과 웰빙[1]을 증진하는 데 사용한다. 수많은 사례 연구들은 티터치가 사람들과 그들의 개들 사이에 깊은 유대감과 특별한 연결 고리를 형성한다는 것을 보여 주고 있다.

---

1   well-being, 만족스럽고 건강하여 행복한 상태. 한국어에는 아직 알맞은 번역이 없다(한국어 위키 낱말사전). 'the state of feeling healthy and happy(건강하고 행복을 느끼는 상태)'(캠브리지 사전)라고 하고 국내에서는 웰빙을 좀 더 포괄적으로 사용하고 있음

당신의 생각을 바꾸고 당신의 개를 변화시켜라.

텔링턴 티터치 경험의 놀라운 결과 중 하나는 당신이 새로운 눈으로 당신의 개를 보도록 배우게 된다는 것이다. 이 방법은 동반자 의식을 고취시키는데 이는 전통적인 훈련에서 보이는 것을 훨씬 뛰어넘는다. 당신은 새로운 지각과 새로운 관점을 개발하게 되고 당신 자신과 개에 대한 새로운 가능성을 볼 수 있을 것이다.

만약 당신의 개가 보여 주었으면 하는 행동을 상상할 수 있으면 당신은 강압적이지 않게 그러한 행동을 이끌어 낼 수 있다. 사람들이 바람직하지 않은 행동들에 집중하는 것은 일반적이다: 개가 짖고 불안해하고 공격적이고 큰소리를 두려워하고 사람들에게 올라타거나 리드줄을 당기는 등의 행동, 그러한 행동들은 당신의 뇌리에 남게 된다. 당신은 단지 당신의 개가 어떻게 행동하길 원하는지를 선명한 이미지로 가지고 있음으로써 바람직하지 않은 행동을 바꿀 수 있다.

개가 당신에게 뛰어오르면 개의 네 발이 모두 땅에 있다고 상상한다. 개가 리드줄을 잡아당기는 것 대신 균형을 잡고 움직이는 것을 상상한다. 개가 불안해하거나 두려워할 때 자신감이 있다고 생각한다.

텔링턴 메소드[1]의 기본 전제는 "자세를 바꿔 주는 것으로, 당신은 당신 개의 행동에 영향을 줄 수 있다."는 것이다. 티터치를 플레이그라운드 포 하이어 러닝의 활동과 텔링턴 장비에 결합시키면 당신은 개의 몸과 자세에 대한 지각을 향상시킬 수 있다. 자세를 바꿔 줌으로써 당신은 바람직하지 않은 행동을 바꿀 수 있게 된다. 한 예로 뒷다리 사이에 밀어 넣은 꼬리를 들 수 있다.—이는 불안감과 공포의 확실한 신호이다. 꼬리의 위치가 변했을 때 개는 자신감이 더 생기게 되고 본능적인 공포를 극복할 수 있게 된다. 꼬리에 해 주는 다양한 티터치는 개의 지각을 향상시키고 자신감 있는 자세를 이끌어 낸다(p.31 참고).

당신의 생각은 상황을 변화시킬 수 있다. 잘 알려진 저자이자 기자인 린 맥타가트(Lynne McTaggart)는 그녀의 책, 생각의 힘을 실험하다(The Intention Experiment)[2]를 통해 창의적인 과학자들이 증명한 자신이 가진 목적의 힘

---

1 method, 기법, 방법, 교본 등을 가리키는 용어로 텔링턴의 바디워크와 운동장 활동을 총칭
2 생각의 힘을 실험하다, 박중서 옮김, 2012, 두레

다정한 니나(로데지안 리즈백)는 가끔 새로운 상황에 불안해한다. 이 개는 멋지게 서 있지만 몸에 비해 꼬리는 약간 불안함을 보인다.

한 손을 옆구리에 두고, 나는 니나에게 꼬리에 새로운 연결 감각을 갖게 하고 자신감을 심어 주기 위해 꼬리의 윗부분을 주의 집중하며 돌린다.

으로 목표를 인식할 수 있는 방법에 대해 우리에게 가르치고 있다. 그녀의 웹사이트 www.theintentionexperiment.com에서 더 많은 정보를 볼 수 있다.

텔링턴 티터치 트레이닝이란 무엇인가?

개를 위한 텔링턴 티터치 트레이닝(Tellington TTouch Training)은 동물들과 보호자의 몸과 마음 그리고 정신을 숭고하게 여기는 부드럽고, 존중해 주는 훈련 방법이다. 이는 네 가지 요소로 이루어져 있다:

- 텔링턴 티터치로 불리는 바디워크[1]
- 플레이그라운드 포 하이어 러닝이라고 불리는 지상 훈련
- 텔링턴 트레이닝 장비
- 목적 : 당신의 개가 어떻게 행동하고 수행하고 당신

---

1 Bodywork, 올바른 자세를 통해 인체의 구조와 기능의 효율성을 증진시켜 건강한 몸과 마음을 만드는 모든 작업으로 기능의 제약을 풀어내는 수기요법, 기능의 약화 및 퇴화를 막아주는 운동요법, 습관과 자세를 교정하기 위한 인지요법 등이 있다(두산백과). 사람이 동물의 몸과 마음을 건강하게 해 줄 수 있는 다양한 요법으로 티터치에서도 신체에 행하는 모든 활동

머즐, 입술과 잇몸에 하는 부드러운 라잉 레오파드 티터치들은 감정을 조절하는 뇌의 부분인 변연계에 미치는 영향 때문에 개를 진정시키고 집중시키는 데 유용하다.

과 어떤 관계가 되기를 원하는지에 대한 긍정적인 이미지 설정

텔링턴 티터치 트레이닝은 학습, 행동, 수행, 건강을 증진시키고 개와 사람 사이의 신뢰 관계를 발전시킨다.

텔링턴 티터치의 역사

개를 위한 텔링턴 티터치 트레이닝은 말을 연구하던 나의 일을 통해 탄생하였으며 사람을 비롯해 모든 동물들을 포함하며 수십 년 넘게 확산되어 왔다.

동물에 대한 바디워크는 일반적으로 현대의 트렌드로 생각되고 있다. 그러나 나의 할아버지 윌 캐이우드(Will Caywood)는 러시아 집시들로부터 말 마사지 방법을 배웠으며 이것이 내가 동물 바디워크에 관심을 갖도록 하는 초석이 되었다. 할아버지는 1905년 러시아 모스크바의 히포드럼(Hippodrome)에서 경주마들을 훈련시킬 때 그 시즌에 87마리의 우승마를 배출하여 그해의 우수 트레이너 상을 받았다. 그는 러시아의 황제 니콜라스(Czar Nicolas) 2세로부터 보석 장식이 된 지팡이를 상으로 받았다. 할아버지는 자신의 성공은 마구간에 있던 모든 말들이 매일 30분 동안 몸 전체에 이 집시 마사지를 받은 결과라고 했다.

1965년에, 그 당시 나의 남편 웬트워스 텔링턴(Wentworth Tellington)과 나는 그 러시아 집시 마사지를 기반으로 경기마를 위한 마사지와 신체적 테라피(Massage and Physical Therapy for the Athletic Horse)라는 책을 집필했다. 우리는 이 마사지 시스템을 100마일 달리기 경주, 장거리 장애물 경주, 3일 경기와 마장마술 경기에 나갔던 말들을 회복시키는 데 활용했다.─모두 내가 같이 광범위하게 경기했던 말들이었다. 우리는 말들이 바디워크로 훨씬 더 빨리 회복한다는 것을 발견했다.

하지만 그 당시 나는 동물의 행동과 성격 그리고 그 동물의 배우려는 의지와 능력이 바디워크의 영향을 받은 것이라는 생각은 하지 못했다. 1975년에 내가 샌프란시스코의 인본주의 심리학 협회(The Humanistic Psychology Institute)에서 인간의 정신과 육체 통합의 성공적인 시스템 창시자인 모쉐 펠덴크라이스 박사(Dr. Moshe Feldenkrais)가 가르치는 4년제 전문 트레이닝에 등록했을 때 모든 것이 변했다.

나의 4년제 전문 코스 등록은 일반적인 일이 아니었다. 나는 말을 다루는 세계에서 왔는데, 펠덴크라이스 메소드(Feldenkrais Method)는 인간 신경계를 위해 발전되었기 때문이다. 나는 그 당시 20년 넘게 승마와 말 훈련을 가르쳐 왔고 과거 10년 동안 퍼시픽 코스트 말 연구 농장과 승마인 학교(Pacific Coast Equestrian Research Farm and School of Horsemanship)를 공동 운영하고 지도하면서 승마 강사들과 말 조련사들의 교육에 헌신해 왔었다.

나는 펠덴크라이스 메소드를 나의 승마 학생들의 균형과 경기 능력을 향상시키는 데 사용하려는 생각으로 이 코스를 등록했다. 나는 강렬하고 직감적인 "느낌"에 이끌려, 설명할 수 없는 이유가 나를 이 코스를 수강하도록 하였다. 내가 알고 있는 것은 펠덴크라이스 메소드는 운동 능력을 향상시키고 고통을 경감시키며 부상, 질병, 선천적인 신경 기능 장애를 개선시키는 방법이 말들의 수행과 웰빙을 향상시키는 데 예외적으로 효과적이라는 것인데 그것은 내가 "알고 있었던" 것과 일치한다.

1975년 7월에 나는 "아하!" 하는 느낌을 경험하게 되었는데, 그 경험은 나를 말 훈련을 위한 새로운 방법을 개발하도록 이끌었다. 그때 나는 63명의 동료들과 모쉐 펠덴크라이스의 지도하에 교실 바닥에 누워있었고, 트레이닝을 받은 지 겨우 이틀밖에 되지 않았다. 우리는 동작을 통한 자각(Awareness through Movement®)[1]이라고 하는 일련의 부드러운 동작들을 지도받고 있었다. 모쉐는 인간의 배우고자 하는 잠재력은 향상될 수 있고 학습 시간은 비습관적인 동작을 활용해서 현저히 줄어들 수

있다고 주장했다. 이러한 동작들은 앉기, 서기 또는 눕기로 행해질 수 있었으며 몸에 대한 새로운 지각과 기능을 가져오는 운동을 통해 이루어질 수 있었다.

이러한 비습관적인 동작들이 뇌로 향하는 사용되지 않았던 신경 연결로들을 활성화시키고 새로운 뇌세포를 깨우며 그로 인해 개인의 학습 능력을 향상시킨다는 것이 모쉐 펠덴크라이스의 이론이었다.

나는 이런 설명을 듣고 "습관이 되지 않도록 나는 말과 함께 어떤 동작들을 해야 하고 어떤 동작들이 말의 학습 능력을 향상시키게 될까?" 하는 생각을 먼저 떠올리게 되었다.

1975년부터 1979년까지 나는 샌프란시스코에서 펠덴크라이스 훈련으로 여름을 보냈고 겨울은 독일에서 수많은 말들이 다양한 장애물을 넘는 비습관적인 동작들의 개발에 몰두하였다. 라비린스, 스타와 플랫폼의 활동을 통해 말들은 행동과 균형에 놀라운 향상을 이루었고 새로운 의지와 압박이나 강요 없이도 배우는 능력을 보여 주었다. (이러한 장애물들은 현재 플레이그라운드 포 하이어 러닝으로 알려져 있으며, 이것들과 다른 장애물들은 넘을 수 있는 개들은 더 협력하고, 균형을 맞추며 집중하게 된다.)

독일 레켄 테스트 센터(Reken Test Center)의 설립자인 우르슬라 브룬스(Ursula Bruns)의 격려와 나의 명석한 여동생 로빈 후드(Robyn Hood)의 지원으로 본래 텔링턴 말 지각 메소드(Tellington Equine Awareness Method) 또는 티팀(TTEAM)이라 불렸던 시스템은 진화되었다. 이는 현재 텔링턴 메소드와 텔링턴 티터치 트레이닝으로 알려진 것이다.

텔링턴 티터치의 탄생

1983년 내 관심은 펠덴크라이스 메소드에서 신비로운 텔링턴 티터치 써클의 탐험으로 이동했다. 텔링턴 티터치는 "통찰(epiphany)"의 결과로 탄생했는데―"특히 평범하지만 두드러진 사건의 발생을 통해 갑자기 일어나는 직관적인 이해의 도약"을 일컫는다. 이러한 "갑작

---

1 펠덴크라이스(Feldenkrais)의 움직임을 통해 알아차리는 기법을 일반적으로 부르는 용어로, 가능한 한 매우 이완된 방법으로 천천히 기분 좋게 팔다리, 목, 머리, 몸통을 움직이는 연습을 함으로써 근육긴장과 신체정렬에서 일어나는 매우 미세한 변화를 알아차리고 느끼는 것(상담학 사전, 김춘경/이수연/이윤주/정종진/최웅용, 2016, 학지사)

스런 사건의 발생"은 1983년 7월 델라웨어의 말 수의학 병동에서 일어났다. 내가 다루는 12살 순수혈통 암말은 극심한 통증을 겪고 있었으며 빗질을 하거나 안장을 앉히려고 하면 일반적으로 발로 차거나 물려고 했다. 내가 그 말에게 손을 댔을 때 매우 조용해졌는데 그 암말의 보호자인 웬디(Wendy)는 눈을 의심했다. 그녀는 나에게 "암말이 왜 이렇게 조용해요? 비밀이 무엇이에요? 에너지를 쓰는 중이에요? 무엇을 하고 있어요?"라고 물었을 때, 나는 생각조차 하지 않고 직감적으로 "제가 무엇을 하고 있는지는 걱정하지 마시고 손을 암말의 어깨에 올리고 피부 위에서 원형으로 움직이세요."라고 대답했다. 나는 내 대답에 놀랐지만 내 직감을 믿기로 했고 무엇이 일어날지 기다려 보기로 했다. 피부를 원형으로 움직이는 것은 내가 의식적으로 해 오던 것이 아니었다. 나는 웬디가 조그마한 원들을 어깨에 하는 것과 암말이 나에게 그랬던 것처럼 웬디를 위해 조용히 서 있는 것에 놀랐다.

그 순간은 무엇인가 매우 특별한 것이 일어났다는 것을 깨닫게 해 주었다. 이후 몇 달과 몇 년에 걸쳐 나는 다양한 원들의 압력, 사이즈와 속도에 대해 연구했다. 나는 내 손을 동물들이 좋아하는 반응에 따라 직감적으로 다양한 방법을 사용했다. 내 여동생, 로빈 후드는 올빼미 연구자인데, 몇 년 동안 이 방법의 기술들을 명료화하기 위해 나와 함께 일했다.

세포 의사소통

텔링턴 티터치의 주된 목적은 세포 의사소통을 향상시키고 몸의 치유 가능성에 도움을 주는 것이다. 세포들에 대한 나의 관심은 1976년에 영국인 노벨 로리에트(Nobel Laureate)와 찰스 쉐링턴 경(Sir Charles Sherrington)의 책인 맨 온 히스 네이쳐(Man on His Nature)를 읽으면서 시작되었다. 내가 "만약 한 신경의 몇 인치[1]만 제거되더라도 대부분의 경우 두 끝부분들은 다시 이어질 방법을 찾

---

1 1인치=2.5cm

완드로 쓰다듬어 주는 것은 개를 차분하고 집중하게 할 수 있다.

블랙 래브라도는 매우 흥분했고 긴장되어 있으며, 그의 머리의 위치는 감정 상태를 나타낸다.

을 것이다. 어떻게 이것이 가능한가? 왜냐하면 몸 안의 모든 세포들은 몸의 기능뿐만 아니라 우주의 기능도 알고 있기 때문이다."라는 책의 구절을 읽었을 때 두 번째 삶의 변화를 경험했다. 이것이 내가 기억하는 쉐링턴의 문구이다.

일반적인 신체를 구성하는 50조 개의 세포들의 지능과, 사람이나 동물이 건강하고 웰빙의 상태일 때 모든 세포들은 각각의 기능을 한다는 사실과 그러면서 다른 세포들과 놀라운 협력을 하고 의사소통을 보인다는 것이 경이로웠다.

나는 신체를 세포의 집합으로 보기 시작했고 다른 몸을 만짐으로써 나는 내 손가락들 안의 세포들이 간단한 지지의 메시지를 세포 단위로 전달하도록 허락한다는 개념에 사로잡혔다: "완전한 기능을 위해 당신의 잠재

력을 기억하라; 당신의 완전함을 기억하라...." 이것이 각각의 텔링턴 티터치 써클에 담긴 주요 메시지이다.

내가 이전에 만난 적이 없는 동물들과 어떻게 그런 깊은 관계와 신뢰를 가질 수 있는지에 대해 질문받을 때마다—그렇게 단시간에—그것은 내가 세포 단위로 연결하기 때문이라고 확신한다. 텔링턴 티터치는 말이 필요 없는 이종[1] 간의 언어이다.

오늘날의 텔링턴 티터치

오늘날에는 동물에게 조금씩 다른 효과를 가지는 24개 이상의 티터치들이 있다. 더 많은 티터치들을 발견하면서 단순히 일반적인 이름들은 아니면서 흔하지 않고 창의적이며 기억하기 쉬운 이름들이 필요하다는 것을 깨달았다. 특별한 기억이 떠오르는 각기 다른 동물들, 그 동물들을 위한 티터치들로 이름을 짓는 것이 자연스러워 보였다.

예를 들어, 클라우디드 레오파드 티터치라는 이름의 영감은 로스앤젤레스 동물원에서 3개월 된 표범과 함께한 나의 활동에서 온 것이다. 그 표범은 어미에게서 버림받고서 자기의 다리를 핥는 신경과민적 습관을 보였으며 몇 시간 동안이나 자기 앞발을 번갈아 누르기[2]를 했다. 나는 그 표범의 감정적 문제에 접근하기 위해 작은 써클들을 입에 그렸고, 안정에 도움을 주고 더 많은 감정들을 불러일으키도록 발바닥에도 써클을 그렸다. 이름 안의 "클라우드"는 손 전체가 몸과 닿을 때의 가벼움을 묘사하고(구름처럼 가볍게), "레오파드"는 손가락들의 압력의 범위를 나타낸다. 표범은 가벼운 티터치처럼 발을 매우 가볍게 할 수도 있거나 강한 압력의 티터치처럼 강하게 할 수도 있다.

파이선 티터치는 조이스(Joyce)를 위한 이름으로,

1987년 캘리포니아 샌디에이고 동물원이 후원하는 20번째 연례 동물원 사육사 회의에서 나의 시연에 함께한 약 3.4미터 길이의 버마 비단뱀이다. 그 뱀은 매년 봄마다 나타나는 폐렴으로 고통받았다. 내가 그 뱀에게 처음 작은 라쿤 티터치 써클들을 사용해 다룰 때 뱀은 불안해하며 좋아하지 않았다. 그래서 나는 직감적으로 그 뱀의 폐를 활성화시키기 위해 뱀의 몸 아래에 천천히 조금 들어 올리기를 하는 것으로 바꾸었다.

몇 분 후 그 뱀은 자신이 할 수 있는 최대 길이로 몸을 폈고 나는 그 뱀이 운동을 하게 몸을 미끄러트리도록 놔두었다. 내가 작은 써클들을 다시 그 뱀에게 그리기 시작했을 때 완전히 편안해졌고 몸을 돌려 그 뱀의 코가 내 손에 거의 닿을 정도로 나를 바라보았다.

티터치는 자신감을 형성하고 협력을 고취시키며 동물의 능력과 의지 그리고 학습 능력을 발달시킨다. 그것은 동물들의 본능을 넘어서도록 하고 그들이 반응 행동[3]하는 것 대신 생각하도록 가르친다. 그것은 동물의 몸 전체에 행하는 원형 움직임들(Movement Circles), 들어 올리기(Lifts) 그리고 미끄러트리기(Slides)를 기본으로 하는 시스템이다.

티터치의 목적은 세포의 기능을 활성화하고 세포의 의사소통을 향상시키는 것이다. 여러분은 그것을 "몸의 전구를 밝히는 것"과 같다고 할 수 있다. 티터치는 몸 전체에 행해지고 각 써클 티터치는 그 자체로 완전하다. 바람직하지 않은 습관이나 행동을 성공적으로 변화시키고 또는 부상이나 질병의 치료 속도를 내기 위해 해부학의 이해가 꼭 필요한 것은 아니다.

티터치는 통증과 공포를 완화시킬 수 있다. 내가 20년 전에 다루었던 외상이 있는 동물들에게서 주요 변화들을 발견하기 시작했을 때는 이해가 적었고, 티터치의

---

1 異種, interspecies, 모든 다른 종간을 말하며 특히 사람과 동물의 사이
2 kneading paws, 고양이의 애정 표현으로 알려져 있는 꾹꾹이는 사자, 호랑이, 표범 등 야생 고양이들도 하는 행동으로 알려져 있음 https://www.lonetreevet.com/blog/wild-and-domestic-cats

3 react, 반응 행동은 공격하는 것과 혼동될 수 있지만 그것과 다르게 특정 사물이나 상황에 부정적 또는 과잉 반응하는 것으로 유전적, 사회화 부족 또는 이 둘의 조합으로 반응을 유발하고, 반응하는 개는 수염이나 모자를 쓴 남자, 어린 아이나 유모차 등을 두려워하거나 리드줄을 하고 있을 때 더욱 사람이나 다른 개를 보고 짖는 과한 반응 행동을 보임

신뢰를 얻기 위해 나는 다른 손으로 머리를 안정되게 하면서 클라우디드 레오파드 티터치들을 개의 이마에 실행하고 있다.

파이선 티터치는 다리에 지각과 새로운 느낌을 가져다주는데 이것은 지면을 더 지탱하도록 하여 무섭고 불안해하는 동물을 도와준다.

결과를 설명할 수 있는 연구가 없었다. 신경학자인 캔디스 퍼트(Candice Pert)는 그녀의 책, 감정의 분자(Molecules of Emotion)[1]에서 우리의 세포들은 감정들을 가지고 있고 이것들은 신경전달물질[2]에 의해 우리 뇌로 전달된다는 것을 밝히고 있다. 나는 그것이 티터치가 두려움을 완화시키고 동물들과 보호자들에게 새로운 자신감과 웰빙을 가져다주는 데 크게 성공한 이유라고 믿는다.

30년 동안 수천 명의 사람들이 이 방법에 대해서 경험이 없음에도 불구하고 텔링턴 티터치 사용의 성공 사례를 보여 주고 있다. 우리는 이제 티터치가 스트레스 호르몬과 인간과 동물의 신경계에서 맥박과 호흡을 낮추는 데 효과가 있다는 것을 보여 주는 연구들을 가지고 있다. 저자이자 연구자인 안나 와이즈(Anna Wise)의 연구에서는 티터치를 해 주는 사람들 또는 받은 사람들 사이에서 써클 티터치가 뇌 전체를 "깨어 있는 정신 상태(Awakened Mind State)"라고 불리는 특별한 패턴으로 활성화시킨다는 것을 보여 주고 있다. 이것은 매우 창의적인 사람들과 치유자들의 뇌파 패턴이며 텔링턴 메소

드로 활동하는 수많은 사람들이 왜 그렇게 많은 성공을 거두는지를 설명해 줄 수 있다.

개들을 위한 텔링턴 티터치 트레이닝

세계적으로 잘 알려진 과학자인 루퍼트 셀드레이크(Rupert Sheldrake)[3]는 그의 흥미로운 책인 개들은 주인들이 언제 오는지 알고 있다(Dogs that Know When Their Owners Are Coming Home)에서 개들이 우리의 생각을 읽을 수 있고 게다가 멀리 있어도 우리의 마음속 그림들을 찾을 수도 있다고 설명한다. 내 개들을 수년 동안 그렇게 협조적으로 만들었던 것은 내 기대의 명확성이었고 이것이 부적절한 행동의 수많은 사례들에서의 성공과 실패의 차이임을 나에게 확인시켜 준다.

텔링턴 티터치 트레이닝은 세계의 많은 나라에서 개 보호자, 훈련사, 브리더, 수의사, 수의 간호사 그리고 동물 보호소에서 사용되는 하나의 방법으로 개발되었다. 티터치 메소드는 훈련에 긍정적이고 강압적이지 않은 접근을 하지만 단지 훈련 방법만이 아닌 더 많은 것이다. 특정한 티터치들과의 결합, 리드줄로 이끄는 모든 활동 그리고 플레이그라운드 포 하이어 러닝이라

---

1 감정의 분자, 김미선 역, 2009, 시스테마
2 neurotransmitter, 뇌를 비롯하여 체내의 신경 세포에서 방출되어 인접해 있는 신경 세포 등에 정보를 전달하는 일련의 물질을 일컫는 용어로 도파민, 아드레날린, 히스타민, 세로토닌 등 수십 종류

3 Rupert Sheldrake, 1942, 영국, 박사, 생물학자, 저자

프리 윌리(Free Willy, 1993) 영화에서 스타가 된 범고래, 케이코는 첫 번째 티터치 시간을 갖고 난 다음 날 나에게 다가왔다.

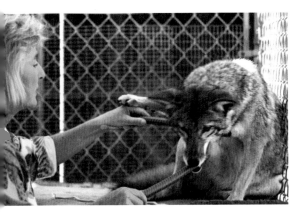

나는 야생공원에서 살았던 민디라는 코요테 암컷과의 관계를 만들었다. 민디는 자신의 발을 내 손 위에 놓았다.

고 부르는 장애물을 넘는 운동들과 함께 개의 수행력과 건강을 향상시키고, 일반적인 행동 문제들을 해결하고 신체적 문제에 긍정적인 영향을 미칠 수 있다.

당신은 티터치를 질병이나 부상으로부터 회복을 돕기 위해 사용하거나 또는 개의 삶의 질을 향상시키기 위해 사용할 수 있다. 많은 사람들은 개와 함께 더 깊은 유대 관계를 발견하고 비언어적이며 이종 간의 의사소통의 성과를 거둔다.

텔링턴 티터치 메소드는 과도하게 짖고 씹고 리드줄을 잡아당기고, 뛰어오르고, 공격적인 행동, 두려워서 물거나, 겁이 많고 수줍어하거나, 빗질을 거부하거나, 과잉 행동을 하거나, 불안해하거나, 차멀미를 하거나, 고관절 이형성증이 있고 천둥과 큰 소리에 대한 공포를 겪는 개들을 도울 수 있다. 또한 나이가 들면서 뻣뻣해짐, 관절염, 그리고 다른 많은 일반적 행동들, 신체적 질병들과 관련된 문제점들을 해결하는 데 도움을 준다. 이 책에는 당신이 한눈에 쉽게 볼 수 있게 개들의 행동과 신체적 문제들에 추천하는 티터치들을 차트 형태로 열거해 놓았다. 하지만 행동 문제가 수반된 많은 경우에, 당신이 개의 몸에 어떤 것이든 세 가지의 티터치들을 행하고 플레이그라운드 포 하이어 러닝으로 하는 몇 가지 짧은 과정들을 결합하면 당신은 개의 행동의 향상을 경험하게 될 것이다. 이 주요 차트들은 당신에게 몇 가지 조언들을 해 주기 위함이지만 당신이 연습해 보면 당신의 감정과 직감을 믿도록 배우게 되고 당신의 손가락들을 따라가기만 하면 된다.

스스로 티터치해 보기

마사지가 근육을 이완할 수 있다는 것은 잘 알려진 사실이다. 티터치는 한 단계 더 나아간 개념을 받아들인다. 당신의 개는 배우게 되고 새로운 방법으로 협력하는 것을 시작할 수 있고 몇 번의 짧은 티터치 시간들은 행동의 영구적 변화를 만들어 낼 수 있다. 하루에 2분에서 10분 동안만 티터치를 해 주는 것으로 놀라운 결과를 얻을 수 있다. 많은 사람들은 짧게 몇 차례 해 준 후에 그들의 개들이 매일 티터치 시간을 원하기 시작한다는 것을 확인했다.

티터치들의 훌륭한 점은 당신이 성공하려고 그 써클들을 완벽하게 할 필요가 없다는 것이다. 게다가 당신은 마사지를 할 때처럼 신체 해부학에 대해 알 필요도 없다. 또한 다양한 티터치들을 한번에 전부 해 볼 필요가 없다. 그 대신 몇 가지로 시작해서 서서히 목록을 늘려 가면 된다. 나는 일반적으로 라잉 레오파드 티터치나 클라우디드 레오파드 티터치로 시작하는 것을 권한다. 당신의 개가 가장 좋아하는 티터치들을 찾아보는 것이 좋다.

당신이 티터치를 시작하려면, 손가락의 긴장을 풀고 약한 압력으로 피부를 움직여야 한다. 각각의 기본적인 티터치는 1과 1/4의 써클로 구성되어 있다. 당신이 1과 1/4의 써클을 마치면 가볍게 손가락들을 다른 쪽으로 밀어서 다음 티터치를 시작한다. 이 방법으로 당신은 개의 몸을 따라서 써클들이 연결된 선을 그리게 된다. 경험에 의하면 부드럽고 가벼운 접촉이 강한 압력보다 더 효과적이다. 무엇보다 당신의 개와 나누는 티터치의 마법을 즐기도록 한다.

대뇌 변연계[1]

마우스 티터치와 이어 티터치들은 개의 신체적, 정신적, 감정적 건강에 탁월한 효과가 있다. 입과 귀는 둘 다 대뇌 변연계와 직접적인 연결이 되는데 이는 두뇌의 감정을 담당하는 부분이다. 감정적 상태가 손상되면 그것은 개의 학습능력에 직접적으로 영향을 미친다. 다음은 변연계가 미치는 영향이다:

- 자기 보존과 종족 보존
- 감정과 느낌(흥분과 공포)
- 도전과 회피 반응(fight and flight response)[2]
- 기억 저장

변연계가 관여하는 것들:

- 호흡
- 심장박동 수 조절
- 고통 감지
- 온도 변화 감지
- 후각 및 시각
- 체액 조절
- 신체 온도
- 순환
- 영양분 섭취

---

1 Limbic system, 인체의 기본적인 감정·욕구 등을 관장하는 신경계
2 월터 캐논(Walter Cannon), 1915년 스트레스에 대한 반응으로 도전(투쟁)-회피 반응이라고 하는데 위협 인식에 대한 생리적 반응

고아가 된 5개월령 검정 곰, 케년은 의사소통을 하려는 노력으로 자신의 발을 조심스럽게 내 팔 위에 놓는다. 티터치는 이종 간의 언어이다.

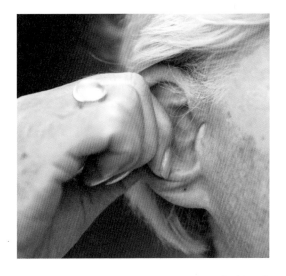

개를 다루기 전에 스스로에게 하는 몇 가지 티터치들은 매우 도움이 된다. 이어 티터치는 긴장을 완화시키고 고통과 쇼크에 도움을 줄 뿐만 아니라 몸 전체에 영향을 준다.

스트레스

원인과 그 강도에 따라서 모든 생물들은 다른 방법들로 스트레스에 반응[1]한다 :

- 도전(Fight)
- 회피(Flight)
- 경직(Freeze)
- 기절(Faint)
- 정서불안과 저작(Fidgeting and Chewing)

개들이 보이는 많은 행동 변화들—그리고 질병들—은 스트레스가 원인이다. 우리가 개들의 스트레스 원인과 개들에게 어떻게 영향을 미치는지 더 잘 이해할 때, 우리는 개들이 스트레스를 더 잘 견디도록 도와주는 방법을 찾게 된다.

"카밍 시그널[2](진정 신호들)"

주의 깊은 관찰은 개들이 우리에게 보내는 의사소통 신호들을 이해하는 열쇠이다. 개들이 특정 환경이나 상황에서 위협을 느꼈을 때 대립이나 과도한 스트레스를 유발하지 않도록 이러한 신호들을 인식하고 대응하는 것이 더욱 중요하다. 투리드 루가스(Turid Rugaas)는 개가 다른 동물과 사람들에게 정보를 전달하기 위해 사용하는 많은 행동들을 "카밍 시그널"이라고 한다. 투리드는 이러한 신호들을 "개들이 갈등을 피하거나 해결하고 평화로운 방식으로 함께 살아가도록 하는 평화의 언어"라고 정의한다. 일부 빈번한 카밍 시그널들은 다음을 포함해서 관찰된다.

- 하품하기
- 핥기

- 뒤돌아가기 / 고개 돌리기
- 플레이 바우(Play bow)[3]
- 바닥 냄새 맡기
- 천천히 걷기
- 아치모양으로 다가가기
- 앉아서 발 들어 올리기
- 긁기

우리가 사람들에게 다가갈 때 계속해서 빤히 쳐다보거나 그들의 "사적 공간"을 침범하지 않는 것처럼, 개와 다른 동물들도 그들의 사적 공간이나 안락한 정도를 표현하기 위해 신호들을 보낸다. 개들이 사회적 상황에 적절히 대처하기 위해 이러한 신호들을 주고 또한 인식한다는 것은 매우 바람직한 것이다. 사람들 또한 카밍 시그널들을 인식하고 이러한 의사소통 신호들이 스트레스 신호들로 발전할 수 있다는 것에 유의하는 것이 중요한데, 만약 신호가 내부적으로 무시되거나 계속적인 위협이 있을 때 특히 그렇다. 우리가 스트레스나 극단적인 행동 반응들을 보이는 개들을 다룰 때 신체 언어와 카밍 시그널들을 이용해 그들에게 비위협적인 의도를 전달하고 신뢰를 쌓을 수 있다. 우리의 눈을 돌리거나 옆에서 다가가는 것, 무릎 꿇는 것, 부드러운 목소리로 말하는 것과 처음 접촉했을 때 우리의 손등을 사용하는 것은 모두 우리가 개들에게 그 개들의 관심사들을 확실히 "듣는 중"이라는 것을 나타낼 수 있는 방법들이다.

티터치 관점에서 당신은 자세와 균형도 유심히 관찰하게 된다. 개의 몸은 육체적 균형이 깨졌을 때, 때때로 감정적으로 그리고/또는 정신적으로 균형이 깨지기도 한다. 개의 자세는 당신에게 특정 환경에서 신체적 흥분 상태와 근심 상태에 관한 많은 단서들을 제공한다. 말아 넣은 꼬리, 뒤로 접힌 귀, 굳게 닫힌 입 그리고 머리를 낮추는 것은 종종 공포나 불안을 느끼는 개들이 나타나는 자세이다. 머리를 들고 꼬리의 긴장을 풀고 귀

---

1 스트레스에 대한 반응을 주창한 월터 캐논 이후 경직은 스티븐 포지스(Stephen W. Porges)가 설명했으며 매기 샤우어(Maggie Schauer)도 스트레스나 트라우마에 대처하기 위한 방어 연쇄 반응으로 freeze(경직)-flight(도피)-fright(겁에 질림)-flag(늘어짐)-faint(기절) 반응이 일어난다고 제안하고 동물들의 다양한 반응을 이해하고 스트레스를 줄이는 데 활용

2 Calming Signals, 노르웨이 개 훈련사 투리드 루가스(Turid Rugaas)가 만든 용어이며 카밍 시그널은 적어도 30가지 이상으로 개와 사람에게 표현하는 소통방법으로 하품, 꼬리치기 등

3 앞다리를 앞으로 펴서 가슴을 낮추고 엉덩이는 살짝 든 자세로 상대에게 놀고 싶어 또는 진정해 등으로 안심시키는 표현

입술을 핥는 것은 때로는 "카밍 시그널"인데 개들이 새로운 환경에 적응할 필요가 있다는 것을 보여 줄 때 사용한다.

저기에 무슨 일이 있는 걸까? 이 개는 핸들러의 말을 듣기 위해 자신에게는 힘든 자세로 긴장된 근육을 보여 주고 있다.

를 앞으로 하고 네 다리에 균형 있게 실린 체중은 차분하고 자신감 있는 개에게서 관찰할 수 있는 자세이다.

스트레스의 신호들 :

- 호흡 증가
- 떨림
- 근육 경직
- 안절부절
- 소리내기(짖기, 낑낑대기, 하울링하기)
- 바보처럼 놀기(예: 꼬리잡기)
- 과도한 그루밍(예: 생식기와 발바닥)
- 흥분 증가
- 물건 씹기
- 과도한 핥기
- 침 흘리기
- 과도한 꼬리 흔들기
- 간식 거부하기
- 집중 불가
- 땀이 난 발바닥
- 모발 빠짐

소화계 문제, 식욕 저하, 설사 또는 배뇨 문제는 모두 스트레스의 일반적인 증상이다. 만성 스트레스의 경우 종종 불편한 신체 또는 호흡 악취, 윤기 없는 모발 속의 비듬, 가려움증 그리고 긁는 것으로 알 수 있다.

스트레스 상황에서는 무슨 일이 발생하는가?

스트레스 상황에서 호르몬은 아드레날린과 코티솔로 넘쳐나 몸이 도전 또는 회피에 대비하도록 만들며 위협 이후 개의 몸이 회복되기까지 오랜 시간이 걸린다. 당신은 티터치, 바디 랩 그리고 지상 훈련들로 회복되는 시간을 현저히 앞당길 수 있다. 완드[1]를 가지고 쓰다듬는 것은 스트레스를 감소시키고 특히 스트레스 유발 초기 단계에 활용하면 도움을 줄 수 있다.

---

1 wand, 손잡이가 있고 끝으로 가면서 가늘어지는 모양의 지팡이를 말하는데 티터치에서 사용하는 완드는 말을 훈련시키는 조마사 채찍으로 손잡이가 있고 가늘어지지만 나무보다 가볍고 끝이 부드럽게 되어 있어 쓰다듬을 수 있는 약 1미터 길이의 채찍

스트레스를 빚는 동안 자세

"자세를 바꾸고, 행동을 변화시켜라." 개들은 감정을 그들의 자세로 매우 분명하게 보여 준다. 개는 두려움을 꼬리를 다리 사이로 밀어 넣는 것으로 보여 줄 수 있다. 당신이 개의 자세를 바꿔줄 수 있을 때, 당신은 개의 행동을 변화시킬 수 있다.

스트레스 신호	
입	• 뒤로 당긴 입술 • 침 흘림 • 건조함 • 뻣뻣한 입술 • 불룩해진 뺨
귀	• 똑바로 세움 • 몸에 딱 붙임 • 뒤로 당김 • 접힘
눈	• 크게 뜸 • 노려 봄 • 눈의 흰자위가 보임 • 실눈을 뜨고 봄
머리 숙임	• 너무 높음 • 너무 낮음
꼬리	• 뻣뻣함 • 다리 사이에 있음 • 긴장되어 몸에 가까이 있음 • 과도한 꼬리 흔듦
자세	• 웅크림 • 뒤로 구름 • 긴장되어 위로 똑바로 선 자세 • 움직이지 않음
호흡	• 과도한 헐떡거림 • 숨을 참음

수의사의 관점

마티나 심머러(Martina Simmerer)는 오스트리아에서 전체론적 수의학(Holistic Veterinary Medicine)[1] 연구를 수행한 수의사로, 몇 년 동안 텔링턴 티터치 메소드를 이용해 왔다. 그녀는 1987년부터 텔링턴 티터치에 깊이 참여하였고 개와 말들을 위한 티터치는 15년 동안 그녀의 연구와 세미나 활동의 필수적 분야가 되었다.

심머러가 쓴 내용은:

"텔링턴 티터치 메소드에 관해 처음 들었을 때 나는 수의학과를 막 시작하던 때였습니다. 내가 처음에 수업을 들었던 이유는 관례적으로 했던 어떤 치료 방식

---

1 수의사가 동물 환자의 몸, 마음과 정신을 고려하여 진단하고 특정 부위보다 동물 전체와 심지어 환경을 관리하며 개나 고양이 가족과 생활 환경이 반려동물의 안녕에 기여한다고 믿고 보호자에게 동물의 삶의 질과 수명에 도움이 되는 변화를 촉진하는 방법과 더 좋고 안전한 예방, 건강관리를 안내하는 수의학

에도 반응이 없었던 말 때문이었습니다. 내가 델링턴 티터치로 얼마나 빨리 그 말을 도울 수 있었는지를 알았을 때 나는 완전히 텔링턴 티터치에 빠져 버렸습니다. 나는 드디어 내가 몇 년 동안 찾아 헤매던 동물들에게 적합한 치료방법을 찾아냈다는 것을 바로 깨달았습니다."

"하지만 나는 과학 정규 교육을 받아서 회의적이었습니다. 나는 이 새로운 접근이 처음 그렇게 보였던 것만큼 정말 가치 있는 것인지 시험해 보아야 했습니다. 나는 학생일 때 모든 것에 질문하고 신중히 관찰하도록 지도받았습니다. 그 결과, 나는 내 첫 연구 그룹의 진행 상황을 기록했고 세부적인 티터치 트레이닝 일지를 계속해서 작성했습니다. 이후, 나의 경험이 쌓이고 나서, 나는 학생들과 수의학과에서 티터치 작업을 위한 그룹을 시작했습니다. 비엔나 대학에 열린 마음을 가진 교수님들이 계신 것은 축복이었습니다. 예를 들어, 대학에서 몇 년 동안 침술을 가르쳤고 1989년과 1990년에 린다 텔링턴 존스는 정형외과의 객원교수였습니다. 1998년에 그 학과는 나에게 선택 과목인 재활과 행동수정(Rehabilitation and Behavior Modification)을 위한 바디워크를 맡아 달라고 했고, 24명의 학생들이 그 과목을 수료했습니다."

티터치 효과는 측정 가능한가?

"과학적으로 티터치의 효과를 증명하기 위해, 린다 텔링턴 존스는 맥박 측정, 뇌파 패턴 그리고 혈액 내 코티솔[1] 레벨 측정 등 몇 가지 연구들을 뒷받침했습니다. 모든 결과들은 티터치가 동물의 신체에 변화를 이끌어 낸다는 것을 보여 줬습니다. 동물의 높은 맥박은 티터치 바디워크를 통해 빠르게 낮춰졌습니다. 뇌파 패턴 측정들은 증가한 뇌파 활동을 보였는데 이는 학습이 일어날 때의 전형적인 것입니다. 혈액 검사는 동물이 티터치를 받았을 때 스트레스 호르몬들이 감소했다는 것을

---

1 cortisol, 급성 스트레스에 반응해 분비되는 물질로, 스트레스에 대항하는 신체에 필요한 에너지를 공급해 주는 역할

오스트리아 수의사 마티나 심머러는 텔링턴 티터치의 아주 좋은 경험들을 가지고 있으며 그것을 매일 실습에 활용한다.

보여 줬습니다. 광범위한 과학적 측정들과 분석들이 아직 발표되지는 않았습니다. 나의 수의학 연구시간이 허락하는 대로 스트레스를 받는 동물들의 코티솔 레벨에 미치는 티터치의 효과에 대한 연구를 할 것입니다. 독일 생물학자가 현재 티터치 치료가 인간의 통증 레벨에 미치는 영향을 연구하고 있습니다."

"이 시점에서 우리는 단지 티터치가 스트레스 레벨을 낮추고 통증을 완화하고 차분해지고 더 안정적인 그리고 순종적인 동물로 만들어 준다는 것밖에 관찰할 수 없었지만 더 많은 과학적 연구들이 진행 중입니다."

수많은 사례 중 하나

"린다가 개에 대한 첫 연구를 시작했을 때 말을 위한 티팀(TTEAM)에 이미 참여했던 수의사들이 즉각 지원했습니다. 우리 모두는 진찰대 위에서 또는 그곳으로 끌려 들어오면서 공포에 떠는 너무나도 많은 개들을 다

개가 이렇게 머리를 대고 쉬기 시작하면 그 개가 사람을 신뢰한다는 신호이다.

루어야 합니다. 만약 우리가 동물병원에서 겪었던 동물들의 경험을 조금이나마 개선할 수 있으면 그것은 우리뿐만 아니라 동물들과 그들의 보호자들을 도울 수 있을 것입니다."

"나는 우리의 첫 번째 개 훈련을 잊지 못할 겁니다. 한 동료가 보호자 이외에 아무도 만지지 못하는 그녀의 허스키를 데려왔습니다. 그 개가 그녀의 남자친구를 기꺼이 받아주는 데 2년이 걸렸습니다. 첫날 그 허스키는 두려움을 보이며 테이블 밑에 숨었습니다. 프랙티셔너 중 한 사람인 트릭시(Trixi)가 완드로 만져주는데, 그것을 돌려 끝의 버튼 부분으로 티터치 써클들을 만들었습니다. 그녀는 손으로 천천히 완드를 밀어 올리고 그녀의 손등으로 매우 빠른 몇 번의 티터치 써클을 조금씩 만들어 나갈 수 있었습니다. 트릭시는 대략 10분 정도 지속하여 개에게 충분하다고 느꼈을 때 개를 좀 쉬게 했습니다."

"우리가 그날을 마무리하며 함께 앉아 배운 것에 대해 토론할 때 그 허스키가 숨었던 공간에서 나와 트릭

시 옆에 앉았고 그녀의 허벅지에 자신의 머리를 올리고 자기를 만지게 해 주었습니다. 우리는 너무 놀랐고 그 개가 그렇게 빨리 변할 수 있다는 것을 상상조차 할 수 없었습니다. 경험상 결과는 항상 그렇게 빠르게 나타나지 않고—일반적으로 시간이 조금 더 걸리고 지식과 인내가 필요하다—그러나 그렇다 하더라도 결과들은 거기 있다는 것을 나에게 가르쳐 주었는데, 특히 전통적인 훈련 방식들과 비교해 보았을 때 그렇습니다."

수의 실습에 티터치들 활용

마티나 심머는 계속 말했다 :

"당신의 안전이 최우선이라는 것을 항상 인식해야 합니다. 아픈 개는 평상시에는 지극히 온순할지라도 주어진 상황에 따라 반사적으로 덥석 물거나 깨물 수도 있습니다. 이것은 잠재적으로 위험한 상황에서 왜 당신이 입마개를 사용하거나 개를 안전하게 제어할 수 있는 타인과 함께 있어야 하는 이유가 됩니다. 때때로 사람들이 티터치를 하는 데 몰두하다 개들의 신체 언어에 집중하는 것을 잊어버리는 일이 발생합니다. 당신이 위협적으로 보일 수 있는 그 어떤 동작이나 몸의 위치는 피해야 합니다. 예를 들어, 개에게 몸을 숙이거나 눈을 똑바로 보지 않아야 합니다.

- "불안해하는 동물을 만지기 위해 무작위로 1초의 클라우디드 레오파드 티터치를 활용합니다. 이는 개의 신뢰를 얻고 검사를 쉽게 하도록 해 줍니다."
- "만약 개의 몸을 만지거나 다루지 못하게 하는 부분이 있으면 라쿤과 클라우디드 레오파드 티터치들과 선들을 연결해서 합니다."
- "티터치는 동물의 공포와 긴장을 '완화시킬' 뿐만 아니라, 고통을 치료하는 데 있어서도 훌륭한 도움이 됩니다. 티터치로 부상 치료를 가속화시킬 수 있습니다; 상처는 훨씬 빨리 낫고 성공적인 레이저 치료와 비교할 만합니다. 하지만 손은 '언제든지 사용할 수 있는' 복잡한 기계보다 훨씬 저렴합니다. 물론 상처는 씻고 소독하고 때때로 봉합과 붕대감

기가 필요합니다. 이러한 것들이 행해지고 나서 매우 부드러운 압력으로 라쿤 또는 라잉 레오파드 티터치들을 붕대 감은 부위와 그 주변에 해 줍니다.

- "관절염, 척추염 또는 퇴행성 고관절병을 앓고 있는 동물들은 지원적 티터치 치료에 잘 반응합니다. 치료가 불가한 관절 질환의 진단은 수의사에게 그리고 특히 개 보호자에게 매우 절망적입니다. 티터치들은 보호자가 개의 고통을 완화시키고 약물 사용을 최소화할 수 있도록 해 줍니다."
- "적절히 행해졌을 때 꼬리 티터치는 척추와 추간원판 질병을 해결하는 데 도움이 됩니다."
- "크고 빨리 자라는 견종들의 경우 성장과 신체동작의 조정력 측면에 문제가 있는 경향이 있는데 티터치들은 신체의 앞부분과 뒷부분의 연결을 향상시킬 수 있습니다. 특히 지그재그 티터치, 타란툴라 풀링 더 플로우 그리고 연결된 써클들은 모두 도움이 됩니다."
- "많은 개들이 플라크나 치석, 잇몸염증 그리고 심지어 충치와 같은 반복적인 치아와 잇몸 질환으로 고통을 받습니다. 특별 식단과 규칙적인 칫솔질을 포함한 좋은 예방 관리는 동물을 마우스 티터치에 익숙하게 만들면 훨씬 수월합니다."
- "당신은 개의 귀를 부드럽게 마사지함으로써 빠르게 개의 마음을 당신 편으로 만들 수 있습니다. 이것은 린다 텔링턴 존스의 가장 중요한 발견 중 하나입니다. 이어 티터치는 생명을 살릴 수 있기 때문에 수의학 목록에서 규칙적인 부분이 되어야 합니다. 사고 후 충격, 순환 장애, 열사병, 마취 후 그리고 차멀미와 같이 덜 극적인 상황에서 오는 공포의 경우에 매우 유용합니다.

수의 실습에 리드줄 활동과 지상 훈련
심머러 박사는 계속해서 말했다:

　"수의사들은 종종 동물의 행동에 관한 질문을 받습니다. '비습관적인' 움직임을 동반한 지상 훈련(이 책의 도입부에 묘사된 펠덴크라이스의 개념)은 동물의 신체적, 감정

적인 균형을 향상시킵니다. 이 훈련은 집중과 조화를 현저히 향상시키고 사람과 동물의 학습된 행동 패턴을 변화시킵니다. 지상 훈련의 목표는 개의 몸을 균형 있게 하고 신체에 대해 즐길 수 있고 스트레스가 없는 경험을 제공하기 위함입니다. 결과적으로 개는 본능적으로 반응하기보다 의식적으로 행동할 수 있게 됩니다."

마우스 티터치는 개가 스트레스 없이 치아와 잇몸 검사를 준비하는 것과 같은 수의 실습에서 매우 중요하다.

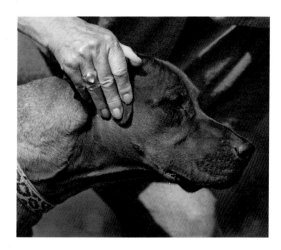

이어 티터치는 쇼크와 같은 경우에 개의 생명을 구할 수 있다.

- "많은 문제를 해결해 주는 훌륭한 방법은 홀트[1]의 사용이나 비슷한 헤드 홀터를 바르게 사용하는 것입니다. 우리는 항상 홀트를 납작한 목줄과 함께 사용합니다(초크 체인이나 초크 목줄이 아니라). 또는 개의 목뼈가 다치는 것을 피하기 위해 하네스를 사용합니다. 전통적인 방식의 '교정(correction)'은 초크 체인으로 갑자기 잡아당기는 것인데 이는 개의 목과 후두에 심각한 손상을 입힐 수 있다는 것은 잘 알려진 사실입니다."

- "바디 랩은 두려워하고 과잉 행동을 하는 개들에게 절묘한 틀을 제공해 주는 것이며 그 개들이 더 안전하다고 느끼게 도와줍니다. 예를 들어 아동 심리학자들이 패닉 발작을 치료하기 위해 비슷한 '래핑' 기술을 활용합니다."

개 훈련사의 경험

스티비 아바스투(Stevie Avastu)는 영국의 행동 컨설턴트이자 개 훈련사이다. 그녀는 공격성과 다른 행동 문제들을 해결하는 것으로 유명하다. 많은 다양한 종의 개들이 슈츠훈트[2] 운동을 위해 잘못된 방식을 사용해서 훈련하여 사람들에게 신뢰받지 못한다. 종종 스티브는 그러한 개들과 그들의 보호자들 그리고 훈련사들에게 마지막으로 의지할 수 있는 존재가 된다. 그녀는 다음과 같이 서술한다:

"나는 90년대 초반에 주말 워크숍에서 처음으로 텔링턴 티터치 메소드에 대해 배웠습니다. 나는 이 발상이 흥미로웠지만, 또 조금은 '미쳤구나' 싶기도 해서 시도해 보지 않았었습니다. 1996년 여름에, 나는 린다 텔링턴 존스가 내가 있는 지역에서 수업을 한다는 것을 알게 되어서 수강하기로 했습니다. 그 수업이 끝났을 때, 나는 내가 본 것들과 배운 것들에 매료되었습니다. 린다의 시범은 나의 흥미에 불을 붙였고 티터치를 시도하도록 동기를 부여했습니다. 그때 이후로 나는 티터치에 대해 더 많이 배우기 위해 모든 기회를 활용했습니다."

"여러 가지 문제를 지닌 많은 개들이 나에게 옵니다. 몇몇은 빙글빙글 돌면서 춤추듯 하기도 하고, 몇몇

---

1 holt, 머리끈과 목줄 일체형 헤드 칼라(head collar)

2 Schutzhund, 1900년대 초 독일에서 저먼 셰퍼드의 훈련 기질과 능력 테스트를 위한 스포츠로 개발되었으며 그 후 IPO에서 IGP로 발전되어 여러 견종들이 경쟁하는 스포츠

일반적인 목줄 또는 하네스와 결합한 헤드 홀터는 개를 자신의 균형으로 되돌리는 것을 돕는다.

수의사 다니엘라 주르의 팁

다니엘라 주르(Daniela Zurr)는 독일의 수의사이며 개를 위한 텔링턴 티터치 프랙티셔너 (Tellington TTouch Practitor)이고 독일에서 수의사 실습에서의 텔링턴 티터치에 관한 책과 개(고양이)를 위한 홀리스틱 행동 테라피 책을 출간했다. 그녀는 실습에서 발견한 가장 유용한 티터치를 하나의 리스트로 만들었다.

이어 티터치 (Ear TTouch)	"마취와 수술 후에, 이어 티터치는 심혈관계의 안정을 도와준다. 만약 개가 쉬지 못하면, 우리는 그를 따뜻하고 조용한 곳으로 옮겨서 귀를 천천히 부드럽게 쓰다듬어 준다. 만약 그 개의 귀가 차갑고 깨어나는 데 힘들어 하면 좀 더 빠르고 힘차게 쓰다듬어 준다."
벨리 리프트 (Belly Lifts)	"벨리 리프트는 소화 불량이나 복통이 있는 개를 빠르게 완화시켜 준다. 배가 매우 단단할 때 가벼운 리프트를 사용한다. 당신의 손의 강도가 너무 세면 탄력 붕대[1]를 사용하여 작고 부드러운 리프트를 실행한다."
마우스 티터치 (Mouth TTouch)	"우리는 얼굴에 부드러운 자극을 해 주는 것이 휴식과 같은 효과를 가져다 준다는 것을 인간의 의술로 알고 있다. 당신은 스트레스를 줄이거나 지나치게 흥분해 있는 개를 다룰 수 있게 도와주는 티터치를 개의 입에 할 수 있다."
클라우디드 레오파드 티터치 (Clouded Leopard TTouch)	"족태양방광경[2]은 개의 등 근육에 평행으로 척추를 따라 흐른다. 이 경락[3]은 동물의 장기를 다루는 모든 중요한 경혈점을 덮고 있다. 따라서 티터치는 등을 따라 등의 근육뿐만 아니라 장기의 기능에도 도움을 준다."
발에 티터치하기 (TTouch on the Paws)	"개들이 거친 지형에서 얼마나 가볍고 쉽게 움직이는지 또는 다른 개가 남긴 배설물을 거의 발로 밟지 않는 것을 알고 있는가? 개의 발바닥은 셀 수 없는 예민한 신경 말단들로 덮여 있다: 이것은 개의 발바닥에 특별한 관리가 필요하고 당신이 발을 만지는 것을 신뢰할 수 있도록 당신의 개를 가르쳐야 한다는 것을 의미한다."
꼬리 티터치 (Tail TTouch)	"꼬리를 절단한 개는 종종 절단된 부분이 매우 긴장된 것을 보여 주고 이것은 그 개의 균형과 이동 방식에 영향을 미친다. 이런 긴장감이 풀어지면 개의 움직임은 극적으로 향상된다. 운 좋게 대부분의 개들은 지금은 몸의 중요한 부분을 유지하지만 꼬리가 변하지 않은 개들은 그 꼬리 부분에 긴장을 일으킬 수 있는 요통과 공포로 고통받을 수 있다. 꼬리 티터치는 엉덩이 지각[4]과 자신감을 만들어 내도록 도와준다."
라마 티터치 (Llama TTouch)	"이것은 내가 처음 동물을 접할 때 가장 좋아하는 티터치이며 동물보호소에서 활동할 때나 새로운 개를 만났을 때 사용하기에 매우 적합하다. 개가 의심스러워할 때 라마 티터치와 당신의 신체 언어를 병행하는 것이 중요하다: 그 개에게서 눈을 돌리고, 몸을 돌리고 나서 깊게 숨을 쉰다."

---

1 elastic band, 엘라스틱 밴드는 일반적인 압박 붕대보다 탄력이 좀 더 좋은 붕대
2 bladder meridian, 경혈족태양방광경이라고도 하는데 경혈 또는 혈 자리는 침을 놓거나 뜸을 뜨는 자리로 사람과 동물의 척추를 따라 좌우 대칭으로 배열되어 있으며 족태양방광경은 인체의 14경락 중에서 제일 길고 아주 중요한 경혈이 많은 곳이 방광 경락이다. 경혈 족태양방광경의 방광경은 머리부터 어깨, 등, 허리, 골반, 둔부, 하지 전반에 걸친 매우 긴 경로로서 그 증세도 다양하다. 이것은 개, 고양이와 말에도 적용해서 치료에 활용, 경혈은 경맥과 낙맥이 만나는 점의 개념
3 meridian, 경락은 세로의 경맥과 가로의 낙맥으로 흐르고 경맥은 몸속 깊이 오장육부와 밀접하고 낙맥은 피부 가까이 위치한 관절과 피부와 관계가 깊으며 경락은 이 모두를 합쳐진 것, 경락은 선의 개념
4 개들은 뒷다리를 앞다리처럼 자유롭게 쓰지 못해서 뒷다리를 몸과 조화를 이루며 자유롭게 사용하도록 만드는 엉덩이와 뒷다리 지각 강화 훈련을 시키기도 하고 이런 훈련을 통해 독 댄스를 하기도 함

개들이 플레이그라운드 포 하이어 러닝 훈련을 하고 있다. 개들과 보호자들을 활성화시키는 낮은 카발레티 훈련 중이다.

은 수줍어하고, 또 몇몇은 공격적입니다. 대부분 이런 경우들의 공통점은 스트레스입니다. 스트레스는 동물이 새로운 학습을 배우는 것을 방해합니다. 이것이 티터치의 진정 효과가 왜 그렇게 유용한지의 이유가 됩니다. 몇 번이고, 나는 20분의 티터치 시간이 개의 경직된 몸을 이완시키는 데 충분하다는 것을 확인합니다. 긴장은 침착함과 수용성으로 대체되고 개는 주의를 더 기울이게 됩니다."

"스트레스가 감소하면 개의 자신감은 증가합니다. 이제 개는 원하지 않는 행동 패턴들을 바꿀 수 있게 됩니다. 개의 보호자가 개에게 바디워크를 하면 그 둘의 관계는 향상됩니다. 이것은 성공을 위한 매우 중요한 단계인데, 나는 단순히 중재자이지, 결국 개를 집에 데려가 새로운 행동들을 가르치는 것은 보호자이기 때문입니다."

"지상 훈련들은 여러 가지 면에서 매우 가치가 있습니다. 개는 다른 일들에 집중하는 법을 배우게 됩니다. 개가 특정 운동에 집중하는 법을 배울 때 두려움은 '해소'됩니다. 그 개의 협력과 리듬이 향상되는데, 이는 대회[1]와 어질리티 훈련[2]을 위해 매우 중요합니다. 게다가, 지상 훈련은 개가 균형을 잡도록 도와주는데 이것은 그 개가 줄을 당기거나 사람에게 기대는 것 없이 개가 균형을 잡아서 서고 앉는 법을 배운다는 것입니다. 다른 말로는, 개는 자신의 행동에 책임감을 갖도록 배운다는 것이고, 이것이 행동의 문제들을 다룰 때 비결이 됩니다."

---

1 개가 하는 여러 가지 경기들, 독쇼와 훈련대회 등 개가 참여하는 모든 대회
2 Agility, 어질리티는 개의 장애물 스포츠이며 사람과 함께 하는 각종 장애물 코스를 활용하는 민첩성 등을 위한 훈련

단체로 다른 개들과 함께 티터치를 하는 것은 다른 개들 주위에서 부적절하게 행동하는 개에게 많은 도움이 될 수 있다.

카트자 크라우스

카트자 크라우스(Katja Krauss)는 독일 베를린의 개 훈련사이자 작가로, 텔링턴 티터치 프랙티셔너이다. 그녀는 다음과 같이 말한다:

"나에게 있어서 텔링턴 티터치는 무한한 가능성을 가진 방법입니다. 그것은 유용하고 배우기 쉬우며 모든 타입과 단계별 개 훈련에 도움이 됩니다. 훈련할 때 티터치의 도움을 받은 강아지에게 '배우는 법을 학습시키는 것'이 훨씬 쉬워집니다. 두려워하거나 과도하게 사나운 어린 개들도 당신이 그들에게 티셔츠를 입히면 때로는 곧바로 잠잠해집니다(p.100).

"과도하게 애정에 굶주린 개들은 사람들과 관계하는 새로운 방법을 플레이그라운드 포 하이어 러닝의 비습관적인 움직임들을 통해 배울 수 있습니

다(p.105). 나는 아직도 어떻게 개들이 그렇게 빨리 변할 수 있는지 놀라며, 만약 내가 수백 번 그것을 보지 않았다면 그것이 가능하다는 것을 믿지 않았을 것입니다."

"어질리티와 복종 훈련 대회에 참가했던 개들, 주기적으로 열리는 독쇼, 구조 활동, 서비스 활동[1] 그리고 경찰 업무에 참여하는 개들 모두 티터치 효과를 볼 수 있습니다. 그 개들은 티터치를 받은 후, 독쇼링에 들어가거나 그 개들의 임무를 시작하기 전에 향상된 집중 시간과 더 나은 자세와 협력을 보입니다. 나는 건물에서 곰팡이를 찾도록 훈련된 나의 개에게 이것을 항상 이용합니다. 노인이나 환자를 만나는 개

---

1 도우미견 또는 보조견의 활동으로 국내의 도우미견보다 수행 활동이 다양하여 시각장애인 안내견, 청각 도우미견, 자폐증 도우미견과 알레지 식품 탐지견 등 다양한 도우미 활동 수행

들은 만져지는 것을 어떻게 즐기는지 배우게 되고 보조견들을 그들의 보호자와 더 빨리 연결되고 긴장을 이완시켜 마음을 편안하게 해 주는 티터치의 혜택을 보게 됩니다."

"텔링턴 티터치는 클리커 훈련과 같은 다른 훈련 방법들에 도움을 줍니다. 이는 모든 나라에 알려져 있습니다. 나는 심지어 두바이 왕국에서 티터치를 설명해 달라는 초청을 받은 적도 있습니다."

"티터치 프랙티셔너들과 계열사들은 인터넷 채팅 그룹으로 연결되어 있고 새로운 아이디어들이 끊임없이 교환되며 이 방법은 계속해서 성장하고 발전해 가도록 하고 있습니다. 새로운 리딩 포지션[1]과 더 자세한 티터치들이 커리큘럼에 더해져 이 일을 더 효과적이고 가르치기 쉽게 만들고 있습니다."

"티터치는 보기에 극적인 것은 아니지만, 티터치의 결과는 그 방법이 마땅히 받아야 할 공로를 인정합니다. 제 생각으로는, 이것이 동물을 다루는 현재와 미래의 방식이라고 봅니다."

비비 덴과 엘리아

비비 덴(Bibi Degn)은 텔링턴 티터치 지도자이며 독일 티터치 길드[2]의 대표이다. 그녀는 말한다:

"거리에서 먹이를 찾아다니며 사는 개를 몰타(Malta)에서 주위 집에 데려왔는데 나중에 보니 임신한 상태인 것을 상상할 수 있습니까? 설상가상으로 열한 마리를 출산합니다."

"강아지들 중 한 마리는 엘리아(Elia)인데, 독일에 있는 나의 3층 아파트에서 태어났습니다. 그 강아지는 나에게 꼭 필요한 개로 자라났습니다. 엘리아는 행복해 하고, 그 개는 꼬리를 위아래로, 좌우로 그리고 양방향으로 원을 만들 수도 있습니다. 글쎄요, 오늘은 할 수 있

는데—내가 처음 만났을 때에는 그러지 못했습니다."

"그 개가 머리를 한쪽으로 기울이고 나를 기엽게 쳐다보는 것은 사람들이 무엇을 생각하고 무엇을 원하는지 하나도 모른다는 것을 말해 주는 것이었습니다. 몰타 거리의 개들은 단순히 사는 곳 때문에 '거리의 개'라고 불리지 않습니다. 그 개들은 몇 세대를 거쳐 인간 근처에 살면서 약간의 음식을 훔치는 것을 배웠지만 또한 대단히 독립적이고 잡히지 않도록 매우 조심하는 독특한 품종입니다."

"엘리아는 열심히 노력하며 배웠습니다. 그 개에게는 쉬운 일은 아니었습니다. 거리의 개에게 필요한 모든 것이 그 개에게 깊숙이 새겨져 있었습니다. 그 개에게는 먹이가 1순위였습니다; 낯선 사람들을 무서워했고 아이들에게 겁을 먹고 놀라운 사냥 본능이 있었습니다. 나는 몇 년 동안 티터치를 가르쳐 왔고 긍정 강화[3]는 대부분의 행동 문제들을 도와주지만, 엘리아는 내가 만났던 다른 개들보다 더 많은 도움이 필요했고 더 많은 티터치들이 필요했습니다. 그 개는 나를 생각하게 만들었습니다!"

"나만의 이론을 실험해 볼 시간이었습니다. 내가 진짜 원했던 것은 내가 숲으로 말을 타러 갈 때 동행할 수 있도록 리드줄도 없고 문제도 없는 그런 개였습니다. 린다는 엘리아와 같은 개들은 숲 속에서 풀려 있을 수 없기 때문에 리드줄을 착용해야만 하므로, 내가 포기해야 한다고 생각했습니다. 도전이 시작됐습니다!"

"엘리아는 나에게 티터치가 협력하려는 의지를 얼마나 많이 도와줄 수 있는지를 가르쳐 주었습니다. 이제 나에게는 끝없는 즐거움을 주는 멋진 개가 있습니다. 엘리아는 말을 타고 달리는 동안 함께합니다—눈앞에서 리드줄 없이; 나뭇가지나 돌들을 뛰어넘어 점프하고 도약하는 그의 속도와 민첩함이 나를 놀라게 합니다. 엘리아는 내가 부드럽게 부르면 나에게 돌아오는

---

1 Leading Position, 티터치 트레이닝에서 리드줄로 이끄는 위치, 방향, 거리와 방법 등
2 guild, 티터치 프랙티셔너 P1 과정 수료 후 프랙티셔너 과정에 참가하여 보조 역할을 하며 재능을 기부하는 제도

3 positive reinforcement, 바람직한 또는 지시하는 행동을 했을 때 개가 좋아하는 것을 주어 보상하여 동일 행동을 할 수 있도록 유도하여 행동 비율을 높이는 것으로 잘했을 때 간식을 주는 것이 그 예이고 positive는 plus의 개념으로 추가되다의 의미

비비 덴과 엘리아. 비비는 몇 년 동안 독일의 티터치 길드 회장을 역임하고 있다.

또한 비비는 흥미로운 기사들과 사례연구들로 가득찬 독일 계간 지인 티팀 뉴스레터의 편집장이다.

데, 심지어 그 길에 사슴이 몇 피트[1] 앞에서 지나가고 있을 때도 그렇습니다."

"내가 한 번도 소리 지를 필요 없이 또는 어떤 형태의 부정 강화[2]도 사용할 필요 없이 우리는 함께 배웠습니다. 나는 우리가 너무나도 자랑스럽습니다. 엘리아는—그 도전—훌륭한 성공을 이루어 냈고 만약 당신이 무엇을 원하고 있는지 그리고 티터치를 알고 있으면 나는 아무리 어려운 개들이라도 당신이 상상할 수 없었던 정도의 협력을 달성할 수 있다고 100퍼센트 자신 있게 말할 수 있습니다."

---

1 feet, 1미터는 약 3.3피트
2 부정/부적 강화(negative reinforcement)는 개가 싫어하는 것을 제거해 주어 지시하는 행동을 지속적으로 하도록 강화시키는 훈련법으로 개가 앉도록 누르다가 잘 앉아 있으면 손을 때는 것과 같은 것으로 negative는 minus의 개념으로 빼다, 덜어 주다의 의미

캐린 페트라 프라일링과 스캠퍼스

캐린 페트라 프라일링(Karin Petra Freiling)은 생물학자이자 지도자이며 독일 '당신을 위한 티터치(TTouch for you Trainings)[3]'의 조직위원이다. 그녀는 다음과 같이 말한다:

"스캠퍼스(Schampus)는 이어 티터치의 마법을 증명해 줍니다. 2년 전에, 말이 발길질을 해서 그 개의 머리를 쳤습니다. 스캠퍼스는 6미터 정도 내동댕이쳐졌고 그 개가 착지했을 때 귀와 코에서 피가 흘렀습니다. 내가 들어 올렸을 때 그 개는 의식이 없었고 콧대는 부러져 있었습니다. '응급상황이 생겼을 때, 당장 귀부터 조치해라.'라는 린다의 말이 머리에 떠올랐고 나는 즉시 귀의 시작부터 끝부분까지 쓰다듬기 시작했습니다."

---

3 사람을 위한 티터치

21

샤브리스와 함께 있는 캐린 페트라 프라일링은 생물학자이고 반려견 티터치 그리고 사람을 위한 티터치(티터치 포 유, 텔링턴 티터치 메소드 포 휴먼) 강사이다.

캐린과 이어 티터치로 살아난 스캠퍼스. 캐린은 자연요법 실천자이고 동물 구조단체에서 활동하고 있다.

"몇 분 후에 스캠퍼스가 의식이 돌아왔고 내가 그 개의 귀를 계속 만지는 동안 친구가 우리를 동물병원에 데려다 주었습니다. 내가 그에게 레스큐 레미디(Rescue Remedy)[1]를 주기 위해 잠시 멈췄을 때 다시 의식을 잃었고, 몸은 경직되었으며 간질 발작으로 힘들어했습니다. 나는 즉시 다시 귀를 만지기 시작했고 그 개는 다시 의식을 되찾았습니다."

"수의사가 코가 부풀어 오르는 것을 방지하려고 주사를 놓았지만 우리에게 큰 희망을 주지는 못했습니다. 그 개의 뇌에 부상이 심하고 우리가 최악의 상황에 대비할 필요가 있다고 말했습니다: 스캠퍼스가 저녁에 살아날 확률은 극히 적었습니다."

"나는 스캠퍼스를 집으로 데려와 남편 안드레(Andre)와 밤새도록 귀에 티터치해 주었습니다. 우리가 쉬면 그 개가 의식을 잃었기 때문에 우리는 쉴 수가 없었습니다."

"운이 좋게도 우리의 사랑스런 개는 그날 저녁에만 살아난 게 아니라, 완전히 회복되었습니다. 요즘 스캠퍼스는 나의 충직하고 전문적인 동료입니다. 그 개는 나와 티터치 실습에 함께하고, '도기 댄싱(doggy dancing)'도 좋아합니다. 그 개에게 사고가 났을 때, 내가 티터치에 대해 알고 있었다는 것이 얼마나 감사한 일인지 말로는 설명할 수 없습니다."

---

1 Dr. Edward Bach가 선택된 식물로 만들어진 배치플라워 레미디가 다양한 형태의 고통을 유발하는 정신적 문제들을 치유해 줄 수 있다고 하고 Bach Flower Rescue Remedy Pet은 반려동물을 위한 상비약, 구급약, 응급약 등으로 갑작스런 위기와 긴급한 상황에 사용하거나 정서적 안정을 주고 부적절한 행동 수정을 위한 관리 계획을 위해 사용되기도 함

가비 마유와 티버

가비 마유(Gabi Maue)는 독일의 반려동물을 위한 텔링턴 티터치 프랙티셔너3[1]이다. 그녀는 말한다:

"나는 항상 동물들을 위한 부드럽고 존중하는 훈련 방법을 찾아다녔고 나의 처음 두 마리 개들이 온순하고 단순한 애들이어서, 그 아이들을 수업이나 치유 과정에 등록할 필요가 없었습니다."

"이것은 나에게 세 번째 강아지인 티버(Tiber)가 왔을 때 완전히 바뀌었습니다. 그는 극도로 겁이 많았는데 우리는 이유를 몰랐습니다. 하지만 티버가 두 살이 되

었을 때 수의사는 유전적 안과 질환의 전조 증상을 진단하였습니다. 세 살이 되었을 때에는 티버는 앞을 보지 못했습니다. 이것이 그 개의 세계를 산산조각을 냈습니다. 그 개는 극도로 불안해했고 기댈 벽이 있을 때에만 일어섰습니다. 우리가 그 개를 밖으로 데리고 나가면 우리 옆에 딱 달라붙어 있었습니다. 우리가 그 개의 발을 들어 올리려고 하면 물려고 했습니다. 우리는 이제 티버가 어릴 때 눈에 문제가 있었던 것이 틀림없다는 것을 알았습니다─그때는 우리가 알아채지 못했습니다."

"우리는 그 개의 친구가 되어 주도록 세 살짜리 암컷, 팬시(Fancy)를 입양했지만 불행하게도, 팬시는 개뿐만 아니라 사람도 겁을 내고 물려고 하는 모습을 보였습니다.' 마침 그때 린다 텔링턴 존스가 독일의 아헨(Aa-

1 텔링턴 티터치의 실습과 강의를 하기 위해 프랙티셔너 P1을 이수해야 하고 P1 자격을 취득한 후 상급 과정인 P2와 P3의 과정이 있음

가비 마유가 가비의 강습에서 소중한 조수가 된 5살된 피레니언 셰퍼드[1] 퀴비브 두 파 두 룹과 함께 있다.

1 Pyrenean Shepherd, 작은 셰퍼드(Petit Berger)라고도 불리고 남프랑스의 피레네산맥의 토착종으로 중세부터 목축견으로 많이 사육

티터치를 통해 티버는 차분하고 냉정하고 보이지 않음에도 불구하고 침착한 개가 되었다. 여기, 가비와 티버가 독쇼에 참가 중이다.

chen)에시 개를 위한 티터치 시범 설명을 위한 일정이 잡혀 있었습니다."

"나는 그녀가 차분함, 부드러운 접촉으로 공격, 지배 또는 압박은 조금도 없이 빛나는 방법을 사용하여 그곳에 있는 개들의 변화를 그렇게 빨리 이루어 내는 것을 보고 전율을 느꼈습니다. 이것이 정확히 내가 찾던 것이었습니다."

"나의 개들도 똑같이 전율을 느꼈고 티터치를 사랑했습니다. 그러나 나는 점점 가만히 있기가 힘들어졌고 이 놀라운 지식을 다른 개들과 그들의 보호자들과 공유하고 싶은 욕구를 강하게 느꼈습니다. 1998년에 나는 개를 위한 티터치 프랙티셔너 과정에 등록했습니다."

리사 라히트와 봉제 개 드루가, 드루가는 다양한 티터치 장비를 장착하고 와서 참을성 있고 복종하는 모델이다.

"나는 진료소, 실습 워크숍과 개별 고객들을 가르쳤고, 지난 5년 동안 가장 큰 개 훈련 단체에서 비정상적인 개의 행동을 평가하는 일을 했으며 어떻게 티터치가 도움이 될 수 있는지 보여 왔습니다."

"티터치는 내 삶을 매우 다르게 변화시켰고 나는 린다가 우리 모두를 위해 연구해 온 것들에 감사합니다."

리사 라히트와 골피

리사 라히트(Lisa Leicht)는 반려견을 위한 텔링턴 티터치 플랙티셔너3 과정이며 스위스의 베른(Bern)과 프랑스의 카발리에르(Cavaliere)에서 거주한다. 그녀는 말한다:

"내 개인적인 티터치 성공담은 13년 전에서 시작됩니다. 그 당시 나는 시골에 살았고 5개월 된 나의 잭 러셀[1]이 가장 좋아하는 것은 나의 고양이와 같이 쥐를 쫓는 것이었습니다. 즐거움이 끝난 건, 쥐를 먹고 난 후 그 개가 며칠 내내 계속해서 지속되는 복통을 겪었고 그것이 그 개의 성장과 발달을 저해했다는 것이었습니다."

"그 개의 아픔에서 벗어나게 해 주는 방법으로, 나의 수의사는 골피(Golfy)가 밖에 나갈 때마다 입마개를 해 주는 것을 제안했습니다. 나에게는 이것이 용납되는 사항이 아니어서 대안을 찾기 시작했습니다."

"내 친구가 한 미국 여성이 '개의 귀를 당겨서' 몸의 균형을 되돌려 준다는 것을 말해 주었습니다. 우연히 그 근처에 진료소가 열렸는데 나는 더 이상 잃을 것이 없다고 생각하여 등록했습니다."

"그 방법은 곧바로 나를 매료시켰습니다. 나는 린다가 동물들에게 보이는 존중과 인식이 마음에 들었고 이 방식이 내 삶의 일부가 되길 원했습니다. 나는 열정적인 학생이었고 곧바로 골피의 귀에 써클을 그리기 시작하고, 만져 주고, 벨리 리프트를 하고, 바디 랩으로 골피를 감쌌습니다.

"골피는 받아들였으며 바디워크를 즐겼습니다, 그리고 나는 그 주말에 우리의 관계가 더 돈독해졌다는

---

1 Jack Russell Terrier, 영국 사냥견, 키는 25~30cm, 몸무게는 5~10kg의 소형견

리사와 나는 푸들 지아코모를 저니 오브 더 호밍 피전으로 이끌어 주고 있다. 개를 플레이그라운드 포 하이어 러닝을 하며 데리고 갈 때 개의 어깨 높이를 항상 유지하는 것이 중요하다.

것을 느꼈습니다. 나는 주말 이후에도 계속해서 티터치를 활용했고 며칠 후 나의 작은 개가 쥐를 소화하는 데 아무런 문제가 없다는 것이 확실해졌습니다."

"그것은 나를 위한 계약이 성사된 것이었습니다. 나는 놀라운 선물에 너무나 감사했고 나는 곧바로 티터치 프랙티셔너가 되기 위한 3년 교육 과정에 등록했습니다. 나는 나의 동물들의 웰빙에 내가 참여할 수 있다는 것과 그들을 이해할 수 있다는 것에 흥분되었습니다. 오늘날 나는 프랙티셔너 3단계 과정이고 이 놀라운 일을 많은 개들과 그들의 보호자들과 공유할 수 있다는 것은 행운입니다."

"골피는 이제 나이 든 숙녀지만, 그 개는 내가 워크숍을 갈 때 따라가려고 고집부리고 자기 바구니에 모든 것이 제대로 들어가는지 지켜봅니다. 골피는 강해지고 기분이 좋아지려고 매일 티터치를 요구합니다. 골피는 아직도 플레이그라운드 포 하이어 러닝을 하러 나가는 것을 좋아하는데 이것은 그 개가 그 나이에도 집중력과 협동심을 유지하는 데 도움이 됩니다. 티터치는 내가 개들의 인내심, 추종과 협력에 감사하도록 해 주는 놀라운 도구입니다."

데비 포츠와 쇼나

데비 포츠(Debby Potts)는 반려동물과 말을 위한 텔링턴 티터치 강사(Instructor)[1]이고, 그녀는 오리건주 포트랜드 근처에 산다. 그녀는 말한다:

"나의 개인적 열정 중 하나는 단순히 명령에 복종하는 것이 아니라 티터치로 개에게 삶의 기술을 가르치는 것입니다. 많은 개들은 복종을 잘하지만 명령이 없으면 그 개들의 행동은 너무 혼란스러워 가족 내에서 문제의 원인이 될 수 있습니다. 가족 내 관계를 위

협하는 자이언트 슈나우저[2]인 쇼나(Shawna)는 5살이었습니다. 그 개의 계속되는 울부짖음이 너무 신경 쓰여서, 남편인 로버트(Robert)는 과연 쇼나가 계속 그 집에서 살 수 있을지 고민했습니다. 그와 아내 조안(Joan)은 개 훈련 센터에 등록했고 쇼나가 울부짖는 것을 멈추게 하려고 여러 가지 다른 접근을 했지만 아무 것도 도움이 되지 않았습니다. 그들은 자포자기하듯이 쇼나의 개인 수업을 위해 나에게 데려왔습니다."

"나는 그 개의 몸을 검사하다 개의 단이[3]한 귀가 너무 경직되어 있음을 알았습니다. 그것은 마치 머리에 귀를 시멘트로 붙여 놓은 것 같았습니다. 나는 그 개의 몸 전체에 티터치를 했고 귀로 돌아가 몇 번이고 다시 하면서, 티터치의 정보가 그 개의 세포들 속에서 처리되도록 시간을 들였습니다. 마무리 시간 즈음, 쇼나의 귀들은 긴장이 풀렸고 실제로 길어졌습니다."

"티터치의 기본 철학은 '자세를 바꾸면 행동이 바뀐다.'입니다. 그것은 확실히 쇼나에게 맞는 말이었습니다. 귀를 이완시켜 주고 머리의 긴장을 완화시켜 주는 것만으로 현저한 차이를 만들어 냈습니다. '당신의 생각을 바꾸고 당신의 개를 변화시켜라.'는 텔링턴 메소드의 또 다른 원칙입니다. 나는 쇼나의 가족들에게 쇼나가 조용하고 차분하게 있는 모습을 상상하도록 권유했고 티터치 결과—그리고 나는 믿습니다, 그들의 기대처럼 바뀌었다는 것을—울부짖음이 멈췄습니다. 나는 그것이 개를 돕고 가족을 지킨 시간이었다고 생각합니다."

---

1 프랙티셔너 3의 과정을 거친 후 2년의 인스트럭터 과정 이수 후 가능하고 현재 전 세계에서 활동 중인 강사들은 13년 이상의 경력자임

데비 포츠는 키키에게 티터치를 하고 있다. 데비는 미국과 많은 다른 나라에서 훈련을 가르치고 있다. DVD '당신 개의 잠재력을 깨우다'에서 바디 랩의 사용법을 보여주는 그녀를 볼 수 있다.

---

2 Giant Schnauzer, 독일의 설치류 사냥, 목양견으로 키는 60~70cm이고, 몸무게는 약 30kg, 키가 평균 46cm인 스탠다드 슈나우저와 평균 30cm인 미니어처 슈나우저로 나눔
3 斷耳, 견종의 특성상, 역할 또는 미용의 목적으로 귀를 잘라서 모양을 만들어 주는 것

캐시 캐스캐이드는 헤드 홀터를 소개하는 개를 다루고 있다. 그녀는 플레이그라운드 포 하이어 러닝을 잘했을 때 포상처럼 티터치들을 사용하고 있다.

캐시 캐스캐이드와 알프

캐시 캐스캐이드(Kathy Cascade)는 개를 위한 티터치 강사이다. 그녀는 구조견들과 일하고 오리건주에 산다. 그녀는 말한다:

"티터치 코스의 활동 중에 우리는 때때로 다양한 형태의 방치, 학대 또는 폭력으로, 종종 사람들의 손에 의해 고통받은 동물들을 마주하게 됩니다. 이런 슬픈 이야기들에 압도되지 않거나 화를 느끼지 않기는 어렵지만, 더 중요한 것은 현시점에 우리보다 동물들에 더 집중하는 것입니다. 우리가 이러한 동물들을 다룰 때 우리의 목적은 그들이 과거 경험의 한계를 넘어 잠재성을 최대한 발휘하도록 하는 것입니다."

투견장에서 구출된 후 구조 단체에서 시간을 보낸 알프(Alf)와 그 개의 관리인 몰리 깁(Molly Gibb)은 캐시와 함께 일하게 되었다.

"몰리와 알프가 처음 방문했을 때", 캐시가 말했다. "알프는 자동차 바닥에 겁먹고 몸을 숙이고 있었고 밖에 나오지 않으려 했습니다. 달래거나 맛있는 간식을 줘도 통하지 않았습니다. ─알프는 그냥 꼼짝하지 않았습니다! 물론, 우리는 그 개를 끌어내리거나 차 밖으로 들어낼 수도 있었지만 그렇게 하면 알프에게 선택권을 주고 그 개의 신뢰를 얻으려는 목표에 패배하는 것이 됩니다."

마침내, 캐시의 개, 인디(Indie)가 알프가 차 밖으로 나오도록 달래며 앞뒤로 움직이며 몇 분 동안 열린 차 문 앞을 지나다녔습니다.

알프는 극도로 두려워했고 처음 몇 번의 과정에는 한 번에 하나의 경험으로 그 개의 신뢰를 쌓는 작은 단계들이 포함되었습니다. 캐시는 알프에게 바디 랩을 소개하며 그의 "지지대" 패턴과 접촉의 민감성을 줄이는 것부터 시작했습니다. 그녀는 "기본 과정은 간단했고, 나는 알프가 원하는 대로 움직이도록 했습니다. 그 개에게 약간의 선택권을 주는 것이 그 개의 두려움을 줄여 주는 것 같았고 마침내 나에게 그 개가 다가오기 시작했고 더 오랜 시간 동안 티터치를 받으려고 가까이에 그대로 있었습니다. 우리의 목표는 알프에게 몇 가지 안전한 새로운 감각적 경험들을 제공하여 자신감을 얻게 하는 것이었습니다." 라고 말한다.

캐시가 알프에게 행한 것의 효과는 몇 달 후에 나타났는데, 몰리가 변화된 알프를 캐시의 주말 워크숍에 데려왔을 때였습니다. 캐시는 즐겁게 말했습니다. "알프가 상황을 아름답게 만들었습니다! 익숙하지 않은 환경에서 매우 많은 다른 사람들과 어울리는 알프의 새롭게 발견된 자신감과 능력을 목격한 것은 몰리와 나에게 엄청난 순간이었습니다."

에디 재인 이튼과 알로

에디 재인 이튼(Edie Jane Eaton)은 개와 말 강사이고 캐나다 오타와 근처에 산다. 그녀는 말한다:

"알로(Arlo)는 다리가 길고 당당한 어린 그레이트 대인[1]이었습니다. 그 개의 자세는 실제보다 몇 인치 작아 보이게 만들었습니다. 그의 보호자 낸시(Nancy)가 알로를 진료소로 데려와서 그의 수줍음과 두려울 때 차고에 하는 습관적인 배뇨 문제를 고치기를 원했습니다."

---

[1] Great Dane, 어깨높이 70~81cm, 몸무게 45~54kg으로 '커다란 덴마크인'의 뜻이며 16세기경부터 독일에서 멧돼지를 사냥했고 개의 왕이라 불리며 셰퍼트와 더불어 독일의 국견

에디 재인 이튼은 수년 동안 티터치 프랙티셔너로 미북부, 유럽, 남아프리카, 뉴질랜드와 오스트레일리아에서 임상을 가르치고 있다.

"나는 힘주어 말아 넣은 꼬리, 그 개의 주변에 대한 관심 부족, 낸시에게 기대려는 증상뿐만 아니라 알로의 낮은 머리 위치를 바로 알아차렸습니다. 알로는 낸시와 가까이 있어야만 했고 그녀가 옆으로 오자마자 곧바로 기댔습니다. 기대는 것은 종종 애정의 신호로 보이지만, 그것은 정신적 균형과 자신감의 부족으로 보는 것이 더 정확합니다."

"알로의 다리들은 레그 써클을 하기 위해 들어 올리는 것이 불가능했습니다. 나는 알로가 리드줄을 하고 걸을 때에도 균형 부족이 나타나는지 궁금했었는데, 마침 그가 줄을 잡아당겼습니다. 나는 알로의 균형이 배뇨문제를 일으켰다고 의심했습니다. 그 개는 차고 안에서만 안전하다고 느낀 것입니다—그 개가 과감하게 세 다리로 서 있을 수 있는 공간이었습니다."

또한 "알로는 입이 말라 있었고 차갑고 뻣뻣한 발, 매우 경직된 꼬리와 숨을 참는 경향이 있었습니다. 그것들은 우리가 그 개의 균형을 찾게 하고 수줍음을 극복하게 도와줄 수 있는 부분들입니다. 우리는 나의 티터치 도구 상자 안에 있는 모든 것들을 조금씩 시도해 보았는데, 시작은 플레이그라운드 포 하이어 러닝으로 밸런스 리쉬를 하고서 걸었습니다. 내가 그에게 천천히 걷자고 했을 때 리듬을 잃어버린다는 것을 곧바로 알았습니다."

"다리에 행하는 파이선 리프트[2]는 순환을 향상시키고 그 개가 '지면에 지지하도록'[3] 도와줍니다. 침프 티터치를 발과 입에 해 주자 알로에게 도움이 되었습니다. 나는 그 개의 매우 말라 있는 입 안을 만지기 전에 내 손을 적셨고, 그 개의 자세를 향상시키고 자아상[4] 이미지를 바꾸기 위해 테일 티터치를 사용했습니다."

---

[2] Python Lifts, 파이선 티터치와 동일
[3] grounded, 접지가 된다 또는 지면에 접촉한다는 뜻으로 명상, 요가 등에서 사용되는 접지 운동으로 몸에 기초를 두어 맨발이나 손의 피부가 직접 지구 표면을 접촉하는 것이며 신체의 접지 결과로 건강이 많이 향상되고 웰빙을 느끼게 된다는 연구 결과를 보고
[4] self-image, 자기 자신에 대한 느낌이나 생각이라는 측면으로 타인으로부터 인정과 존중을 받는 경우에 긍정적인 자아상이 형성(특수교육학 용어사전)

"우리는 알로에게 하프 랩을 해서 그가 깊은 숨을 쉬고 유연성을 향상시킬 수 있도록 했습니다. 밸런스 리쉬는 그 개에게 몸의 균형을 네 다리 모두에 이동시키도록 가르쳤습니다. 어깨와 배에는 아바론 티터치를 해 주었고 매우 부드럽게 꼬리를 들어 올리는 것도 자세를 바꾸는 것에 도움이 되었습니다. 우리는 저니 오프 더 호밍 피전을 사용해 그 개가 자기 공간에 대한 감각을 갖도록 했습니다.

"우리가 끝마쳤을 때 알로는 새로운 개 같았습니다. 그는 머리와 꼬리를 높이 치켜들고 주위를 돌아볼 수 있게 되었습니다. 알로는 더 이상 그의 보호자에게 기대지 않고 그의 네 다리로 균형을 잘 잡았습니다. 레그써클은 쉬워지고 더 이상 힘들지 않았으며 그는 더 이상 리드줄을 당기지 않았습니다."

"그리고 매우 기쁜 것은 그가 차고에서 배뇨하는 것을 멈췄다는 것입니다."

로빈 후드와 로이

로빈 후드(Robyn Hood)는 개와 말 강사로 캐나다의 브리티쉬 콜럼비아 버논(British Columbia, Vernon)의 아이슬란드 식 말 농장에서 산다. 그녀는 말한다:

"힘을 들이지 않고 가파른 언덕들을 오르내리고, 진흙탕과 울퉁불퉁한 지형을 돌진하는 크고 강한 벨지안 세퍼드[1]가 집 안의 계단은 오르지 못한다는 것이 이상한 소리로 들리겠지만, 이것이 나의 개 로이(Roy)의 문제였습니다."

"그 개는 나와 살기 전에 항상 밖에서 생활했습니다. 그 개는 계단의 한쪽이 뚫린 쪽으로는 오르내릴 수 있었지만 다른 벽 쪽으로는 오르내리지 못했습니다. 침실은 위층에 있었고 그 개는 그곳에 너무 올라가고 싶었지만, 무서워서 그러지 못했습니다."

"나는 바디 랩을 해 주는 것부터 시작했고 그에게 가

로빈 후드와 그녀의 벨지안 세퍼드, 로이. 로빈은 나의 여동생이고 텔링턴 티터치 트레이닝의 창시자이다. 로빈은 전 세계적으로 치료를 가르치고 티팀 컨넥션의 편집자이다.

장 아래에 있는 계단 가까이 오라고 불렀습니다. 나는 이어 스트로크,[2] 지그재그 그리고 아바론 티터치를 그 개의 몸에 조금 해 주었습니다. 내가 그 계단에 앉아 발걸음 앞쪽 바닥에 음식을 조금 놔두면, 그 개가 앞으로 나와 음식을 조금 가져갔습니다. 나는 리드줄을 만지며 그 개에게 가까이 오라고 했습니다. 그 개는 발을 첫 계단에 댔고, 뒤이어 다른 앞발도 왔습니다. 나는 다음 계단에 간식들을 조금 주었고, 그리고 나서 그 개가 한동안 거기 서 있도록 내버려두었습니다. 그때 나는 그 개를 계단으로부터 옮겨서 '그 정도면 충분해.'라고 말하고 거기에 그대로 내버려 두었습니다.

"몇 시간 후에 그 개는 스스로 계단들을 올라가고 있었습니다. 계단을 많이 올라가도록 만드는 대신에 나는 그 개에게 무엇이 가능했는지 '맛보게' 해 주었고 그 개가 그것에 대해 생각하게 내버려 두자, 그 개는 숨을 들이쉬고 할 수 있다고 생각하게 된 것입니다."

---

1 Belgian Shepherd, 벨기에 목양견, 22~30kg의 대형견으로 모질과 모색에 따라 그로넨달(Groenendael), 라케노이즈(Laekenois), 테뮤런(Tervuren) 및 말리노이즈(Malinois)으로 나뉨

2 Ear Stroke, 귀를 쓰다듬어 주는 것

텔링턴 티터치

텔링턴 티터치는 부드러운 형식의 바디워크로 몸 전체에 손으로 써클(원형, Circles)과, 리프트(들어 올리기, Lifts) 그리고 슬라이드(미끌어트리기, Slides)를 포함한다. 티터치에서 두번째 "T"는 "신뢰(Trust)"를 나타낸다. 티터치는 단어가 필요 없는 이종 간 언어로 묘사된다. 당신이 개에게 티터치를 하면 마법과 같은 관계를 경험하게 될 것이다. 이어지는 페이지에서 각기 다른 티터치들에 대해 안내한다.

티터치 바디워크는 개에게 어떻게 영향을 미치는가?

티터치는 비언어적 언어로 당신과 개와의 관계를 깊이 있게 해 준다. 하루에 단지 몇 분간의 티터치만 해 주어도 개의 자신감, 태도, 성격 그리고 행동에 놀라울 만큼 긍정적인 결과를 만들어 낼 수 있고 건강에도 도움을 준다.

티터치 바디워크의 목표는 생명력과 세포의 기능을 활성화하고 개들의 지능을 깨우는 것인데, 이것이 신체적, 정신적 균형을 만들어 낸다. 당신의 개가 자신감을 얻을수록 당신과의 사이에 더 많은 신뢰가 형성된다.

티터치는 몸의 자가 치유 능력과 학습 능력을 촉진한다. 신경학자인 안나 와이즈(Anna Wise)는 심리생물학자이며 생물생리학자인 맥스웰 캐이드(Maxwell Cade)와 함께 사람이 정신적 기능이 가장 효과적인 상태에 있을 때 알파, 베타, 세타 그리고 델타파들의 지속적인 패턴이 양쪽 뇌 반구에서 동일하게 나타난다는 것을 발

텔링턴 티터치는 내가 이 개와 신뢰하고 존중하는 첫 접촉을 하도록 도와준다.

견하였다. 캐이드는 이를 "깨어 있는 정신 상태(Awakened Mind State)[1]"라고 불렀다.

안나는 한 바퀴와 1/4의 써클 티터치를 하면 사람 내부에서 이 네 가지 뇌파 패턴들이 모두 활성화되어 학습을 위한 이상적인 상황에 놓인다는 것을 발견했다. 더 놀랍게도, 티터치를 하는 사람들—동시에 이를 연구해 온 사람들—이 똑같이 독특한 뇌파 패턴을 보인다는 것이 밝혀졌다.

안나의 말들을 이용한 더 나아간 연구들은 티터치를 받은 동물들의 네 가지 뇌파 패턴들이 뇌의 양 반구에서 똑같이 활성화되어 있음을 보여 주었다. 또한 1985년에, 모스크바의 비트사(Bitsa) 올림픽 승마 센터에서 러시아 수의사들의 연구는 티터치를 받은 말들의 스트레스 호르몬의 레벨 감소를 보여 주었다. 당신은 더 많은 과학적 연구 정보를 나의 웹사이트(www.ttouch.com)에서 찾을 수 있다. 나의 DVD 당신 개의 잠재력을 깨우다(Unleash Your Dog's Potential)를 보면, 티터치 바디워크에 서로 다른 개들이 어떻게 반응하는지 볼 수 있다.

티터치는 지능을 뒷받침한다

웹스터(Webster)[2] 사전에서 지능이란 "새로운 상황을 받아들이는 능력"이다. 티터치는 동물들이 새롭고 잠재적으로 스트레스를 유발하는 환경들을 받아들이도록 가르치는 데 매우 도움이 된다.

사람처럼, 동물들도 종종 스스로 스트레스를 받는다는 것을 알게 된다. 티터치는 스트레스의 부정적 효과를 제한하고 동물을 편안한 상태로 변화시키고 '개방성'[3]과 학습 능력을 장려하고 상황을 받아들이도록 하

---

1 맥스웰 캐이드는 제프리 블런델(Geoffrey Blundell)과 개발한 Mind Mirror라는 생체뇌파주기를 측정하는 기계를 이용해서 뇌파 패턴을 측정하고 평가하여 정신의 상태를 최고 수준의 인식 상태, 즉 깨어 있는 정신의 상태로 조정이 가능하다고 주장하며 깊은 상태의 명상으로 이끌었고 사람들에게 의식 상태를 바꾸도록 지시했으며 그의 저서 "The Awakened Mind"는 전 세계에 걸친 정신 연구의 기초이며, 그의 기술은 여전히 그의 후임자에 의해 실행되는 중임

2 Noah Webster(1758-1843), 미국의 사전 편찬자 · 저술가의 사전

3 openness, 자신이 경험하는 것을 있는 그대로 받아들이는 것으

는 멋진 도구이다. 이러한 상태는 개와 핸들러가 두려움이나 걱정 없이 새로운 것 또는 어려운 것을 처리하도록 도와주게 될 것이다.

티터치의 도움으로 당신은 당신의 개와 신뢰로 형성된 강한 유대관계로 결속시킬 수 있다.

티터치를 통해 당신의 개는 자신의 몸에 대해 더 많이 지각하고 자신감을 더 느끼게 될 것이다. 티터치는 공포, 불안함 그리고 긴장을 줄이도록 도와준다. 이들 중 몇 가지는 마사지처럼 보일 수 있지만, 마사지와는 매우 다르다. 압력은 매우 약하고 움직임은 세포들에 매우 분명한 효과를 준다. 나는 그것을 "불을 켜는 것"이라고 하는 것을 좋아한다─목표는 몸의 각각의 세포가 치유 잠재력을 향상시키는 것이다.

티터치의 9가지 요소

텔링턴 티터치 트레이닝에는 9가지 중요한 요소들이 있다. 익숙해지면 성공할 수 있을 것이다.

1. 기본 써클(Basic Circles)[1]

손은 피부 위를 미끄러져 내려가는 것이 아니라, 근육 위로 "피부를 움직이는 것"이다. 피부 위에 둥근 시계가 있다고 상상해 본다. 6시 방향(아래쪽)에서 시작해 시계방향으로 한 번의 원을 그리고 9시 방향(시계의 왼쪽)으로 더 나아간다. 이것은 둥근 시계의 한 바퀴와 1/4의 써클을 만들게 되는데, 이것이 기본적인 티터치 써클이다. 당신은 일반적인 시계방향으로 해야 한다. 하지만, 방향에 대해서는 의식해야 한다. 만약 개가 시계방향을 좋아하지 않으면, 압력, 속도 또는 다른 티터치를 시도하기 전에 먼저 반시계방향으로 시도해 본다.

2. 압력 정도(Pressure Scale)

티터치 압력은 정도에 따라 1부터 10까지이지만, 개에게

티터치는 이 개의 몸을 더 편안하게 해 주고 개의 감성적, 육체적 균형을 이루도록 도와준다.

는 오직 1에서 4까지만 활용해야 한다. 가능한 가장 가벼운 접촉인 압력 1로 시작한다. 당신의 주요 목표가 세포의 기능과 소통을 돕는 것이라는 것을 기억하도록 한다.

- 압력 1(Pressure 1)
  압력들의 감각을 알기 위해서, 당신의 구부러진 팔꿈치를 한쪽 손으로 바치고 다른 손 엄지를 뺨에 대고 나머지 손가락들을 눈 밑의 연약한 피부를 부드럽게 움직이며 사용해 본다. 피부 표면만 손가락으로 미끄러트리지 않도록 한다. 같은 써클을 당신의 팔에 반복하고 압력 1 정도는 피부에 거의 자국이 나지 않는다는 것을 확인한다.
- 압력 3(Pressure 3)
  압력 3을 느끼기 위해서, 광대뼈 2.5cm 아래 부분

로서 낯선 것에 대해 안내하고 탐색하는 것(상담학 사전, 김춘경/이수연/이윤주/정종진/최웅용, 2016, 학지사)
[1] 일반 한 바퀴 원과 구분하기 위해 한 바퀴와 1/4의 원형은 티터치 써클로 표시

에서 손가락을 움직인다. 당신의 구부러진 중지의 무게가 광대뼈에 확실히 닿도록 대고 거기서 원을 느낀다. 당신의 팔 위에 같은 압력을 반복하여 피부가 눌리는 정도를 관찰한다. 압력 1과 3의 차이를 확인한다. 압력 2는 1과 3의 중간 정도이다.

도움말: 당신과 당신의 개에게 맞는 압력을 찾도록 한다. 부상이나 감염을 치료할 때에는 압력이 덜 해야 한다: 1이나 2가 충분하다. 3은 매우 일반적인 압력이다. 당신이 티터치에 익숙해지면 주어진 어떠한 상황에서도 본능적으로 가장 적합한 압력들을 알게 될 것이다.

3. 속도 (Tempo)

속도는 한 바퀴와 1/4의 써클로 피부를 움직이는 데 걸리는 시간이다. 우리는 1초에서 3초가 걸린다. 개를 활성화시키기 위해서는 1초의 써클들을 사용하고, 진정시키거나 집중을 유도할 때에는 2초의 원들을 사용한다. 1초의 써클들은 붓기를 줄이고 심한 통증을 완화하는 데 가장 효과적이다. 기억해야 한다: 개를 활발하게 하고 싶으면 더 빠른 써클들을 사용하고, 진정시키고 싶을 때에는 느린 써클을 사용한다.

4. 주의 집중하는[1] 멈춤(Mindful Pause)

몸에 몇 번의 써클을 만든 후, 시계방향의 한 바퀴와 1/4 써클의 끝에 잠시 동안 멈추고 접촉을 유지한다. 우리는 재미있게 이를 앞글자만 따서 만든 말로 P.A.W.S.로 부르는데 이는 "경이로운 정적을 주는 멈춤(A Pause that Allows a Wondrous Stillness)"을 의미한다. 이것은 개에게 새로운 감정을 통합하는 시간을 준다.

5. 티터치들 연결(Connecting the TTouches)

티터치들은 개의 몸 전체에 행해진다. 불규칙적으로 이 부분에서 저 부분으로 건너뛰기보다, 선들을 따라 손가락들을 부드럽게 미끄러트려 티터치에서 티터치로 넘어가는 것이 더 좋을 수 있다―일반적으로 앞에서 뒤로 간다. 하지만 고통스럽고 민감하거나 부상당한 부위에 할 때에는 써클들을 연결해서는 안 된다. 손가락을 몸에서 떨어트리고 그 대신 다음 써클로 넘어가기 전에 허공에서 완만하게 다시 연결하기 위한 부드러운 움직임을 만든다. 우리는 이것을 '위빙'[2]이라고 부른다.

6. 자세(Body Position)

당신의 개는 서고 앉고 또는 누울 수 있다. 당신의 자세가 편해야 티터치를 느긋하게 할 수 있는 것을 기억해야 한다. 소형견에게 티터치를 할 때 개를 탁자 위에 두거나 당신과 함께 소파에 있게 하는 것이 더 편안하다.

---

1 국내에서 mindfulness는 '마음 챙김'으로 번역되어 사용되고 있는데 mindfulness는 1970년대 후반부터 심리치료 분야를 중심으로 연구와 활용 분야가 증가되었으며 존재하는 순간에 완전히 참여한 나를 찾는, 스트레스와 슬픔 감소, 집중력과 행복 증가 등의 효과를 얻을 수 있는 연구결과가 지속적으로 발표되어 세계적으로 다양하게 활용되고 있음 / mindful은 국내 사전에는 유념하는, 주의 깊은 등으로 해석되고, 국내 발간 책 중 '주의 집중적'으로 번역되기도 하였으며 동양의 명상수련법, 불교의 선(zen)을 번역하는 과정에서 사용하였는데 '의식이 깨어 있는 상태'를 의미 / 본문에서 Mindful Pause를 '주의 집중하는 멈춤'으로 해석하였고 티터치 연결 중 티터치를 하는 사람이 하고자 하는 행동에 관심을 모으고 주의 집중하여 멈추는 시간으로 티터치를 받는 동물들도 지각, 집중이 향상되도록 시간을 주는 것

2 weaving, 직물을 짜기, 엮기와 누비며 가기와 같이 허공에서 써클과 써클을 연결하는 동작

바닥에 있는 개와 편안하고 안전한 자세를 찾는다. 만약 개가 불안해하거나 당신이 개를 알지 못할 때(예를 들어 보호소 개), 안전을 위해 개 위로 몸을 숙이는 것은 피한다. 만약 겁을 먹었거나 반응 행동을 하는 개를 대할 때에는 등받이가 없는 의자나 일반 의자에 앉아 당신이 균형을 잡고 쉽게 몸을 뺄 수 있도록 한다.

동물에게 티터치할 때는 양손을 사용한다—다른 한 손으로 개와 연결하며 제어하는 동안 한 손은 티터치를 한다.

머리나 귀에 할 때는 한 손을 턱 밑으로 해서 개를

받쳐 준다. 등에 할 때는 다른 손을 개의 가슴을 받치거나 티터치하는 부위의 반대쪽 몸에 손을 두면 도움이 된다.

7. 주의 집중하는 호흡(Mindful Breathing)[1]

집중할 때 숨을 참는 것은 사람의 공통된 특성이다. 코를 통해 들이마시는 것과 다문 입술로 천천히 내쉬는 것은 당신을 진정시키고, 집중하게 하고, 이런 의도적인 호흡에 의한 산소공급 효과로 활력을 얻게 될 것이다. 이런 호흡 방식은 PEEP[2]이라고 불린다. 또한 이 호흡이 어떻게 개의 호흡에 영향을 미치고 차분하고 편안하게 하는지 관찰하도록 한다.

8. 목적(Intention)

티터치의 주된 목적은 당신이 가진 목적에 의해 행동과 건강에 영향을 미칠 수 있다는 것을 알고 당신의 개가 어떻게 행동하고, 수행하고, 당신과 관계하기를 원하는지에 대한 긍정적인 이미지를 갖는 것이다.

나는 하와이에 살고 그곳에서 영적 지도자로부터

---

1 티터치에서 사용하는 Mindful Breathing은 티터치의 효과를 높이기 위해 숨을 충분히 들이쉬고 천천히 내뱉는 방식으로 진정하고 집중하는 심호흡과 비슷하지만 티터치를 하는 사람의 호흡이 동물에게도 전달되어 티터치 효과를 향상시키기 위한 호흡, 마음 챙김과 관련된 국내 서적들을 참고하여 마음 챙김을 이해하고 참고하기를 권함
2 Positive End Expiratory Pressure, 호기종말양압호흡, 기계호흡의 일종이고 숨을 내쉬는 끝에 적당한 양압을 가하여 호흡의 효율을 높이는 방법이고 기계장치 없이 스스로 심호흡하는 것이 이와 같은 효과를 줌

"포노와 필리키아(Pono and Pilikia)"라는 운동을 배웠다. 포노는 완전의 상태, 존재의 이상적인 상태를 의미한다. 필리키아는 정신적 외상이나 극적인 사건을 의미하고 우리가 사용하는 의미로는 '당신이 바꾸려고 하는 현상이나 행동'을 나타낸다.

포노와 필리키아는 당신이 당신 개의 행동을 바꾸도록 도와줄 수 있다. 우리들의 개들이 가진 현상이나 문제만 보는 것은 인간의 매우 공통된 특성이고, 때때로 긍정적인 면은 잊어버린다. 개의 행동이 통제 불가능할 때 그것은 매우 실망스러울 수 있으므로 당신의 개가 당신의 삶에 가져다 준 선물들을 깨닫도록 도와주는 당신의 생각들을 글로 적어 본다.

몇 가지 사례에서 이러한 활동은 개가 가족에게 적합하지 않다거나 또는 그 개가 의도했던 일에 적절하지 않은 것을 명확히 하도록 도와주었다. 대부분의 사례들에서, 개 보호자들은 생각보다 문제가 심각하지 않다는 것을 깨닫고 텔링턴 티터치로 해결할 방법을 찾을 수 있었다는 것에 안도한다.

종이를 가지고 와서 가운데 수직선을 그린다. 왼편 위와 아래 포노 목록에 당신의 개에 관해 사랑하는 모든 것들을 적는다. 오른쪽에는 필리키아라고 쓰고 당신이 바꾸거나

성공 비밀 1

개의 행동과 건강을 당신에게 보이는 대로가 아닌, 당신이 그에게 원하는 것을 보도록 한다.

당신의 바람들이 벌써 이루어진 것처럼 행동하도록 한다. 당신이 목표에 이미 도달했을 때 느끼는 감정을 느껴 본다. 즐거움의 감정이 당신의 몸을 통해 흐르도록 하고 완전하고 건강한 당신의 개를 축하해 준다. 개의 행동은 다음과 같은 것들과 연결된다:

당신의 **기대**

당신의 **자세**

당신의 **명확성**

당신의 **반응**

당신의 **지도**

완전한 개의 이미지를 당신 마음과 생각에 간직한다. 이것은 당신이 원하는 개가 되는 방식을 알려 주는 문을 열어줄 것이다.

성공 비밀 2

당신의 개가 완전하다는 것을 기억하도록 한다.

"나의 개는 완전하다."라고 반복하는 습관을 스스로 만들고 나면 당신은 개를 매우 "완전하다."라고 바라보는 것이 얼마나 멋진 일인지 개에게 전달하게 될 것이고 당신과 함께하는 관계는 풍부해지고 잘 자라나며 성장하게 될 것이다.

오래된 격언으로, "21일 동안 행동을 심으면 습관을 수확할 수 있다."라는 말은 이 경우에 매우 적절하다. 당신이 무언가를 21일 동안 반복하면 그것은 "당신의 것"이 되고 생각하지 않고서도 행동할 수 있게 된다.

개선의 작은 단계들부터 찾고서 그것들에 집중하도록 한다. 그리고 나면 당신은 모든 것들이 제자리로 돌아가는 것을 알게 될 것이다.

개선하고자 하는 개의 원하지 않는 행동들을 모두 적는다.

9. 피드백(Feedback)

개가 사람 말을 할 수 없으므로 개의 언어를 잘 듣고 가장 작은 신호들을 지켜본다. 개가 보여 줄 수 있는 그 어떠한 "차분한" 목소리로 표현하는 회피 또는 신체적 신호들이라도 기록한다. 이것을 시작하려면 당신은 다음과 같은 개의 신호들을 배워야 한다:

- 공포와 수줍음
- 과잉 행동, 지나치게 예민함
- 주의력 결핍
- 고집부리기, 학습 거부
- 공격성

개가 편안하지 않다는 다른 신호들이다:

- 숨을 참는 것
- 얼어붙는 것
- 꼬리를 두 다리 사이로 밀어 넣는 것
- 경련
- 안절부절못하는 것
- 불안정 또는 긴장의 모든 신호들

당신은 개가 당신을 믿을 수 있고 그 개의 관심을 기꺼이 들어줄 수 있다는 것을 보여 주기 위해 티터치, 압력 또는 속도를 바꾸거나 또는 개의 여러 부위에 티터치를 해 주는 것으로 이러한 신호들을 알고 있다는 것을 알려줘야 한다.

안전 수칙

- 만약 당신이 전문적인 개 훈련사나 티터치 프랙티셔너가 아니라면 당신의 동물에게만 실시하는 것이 더 안전하다.
- 당신의 개를 티터치할 때, 그 개를 잘 알아야 하고 잠재적이며 급작스런 그 어떠한 방어적 움직임에도 두려워하면 안 된다. 항상 조심해야 한다.
- 겁을 먹거나 공격적인 개의 눈을 절대로 똑바로 쳐다봐서는 안 된다. 이것은 어떤 개들에게는 위협으로 간주될 수 있다. 하지만 당신이 부드럽고 친근한 눈을 유지하며 개의 얼굴을 당신의 주변 시야에 두도록 한다.
- 개의 옆에서 다가가고 어깨부터 티터치를 시작한다.
- 개의 반응을 주시한다. 개가 불안해하거나 걱정하는 것 같을 때는 압력을 줄이고 다른 티터치를 하거나 다른 부위로 이동한다.
- 많은 개들은 수업 도중 눕기를 좋아한다. 하지만 몇몇은 서거나 앉아있기를 선호한다. 당신은 편안하게, 곧게 편 손목을 유지하며 당신의 주의 집중하는 호흡을 확인한다.
- 개의 머리나 귀를 다룰 때는 개의 턱을 받쳐 준다. 등이나 엉덩이가 아픈 개를 대할 때는 꼬리나 등을 티터치하면서 개의 가슴을 당신의 다른 손으로 견제해 준다.
- 뛰어오르거나 돌아서 가는 소형견을 견제해 주기 위해서 엄지를 목줄 아래로 밀어 넣고 손의 나머지 부분으로는 가슴을 받쳐 준다.

37

아바론 티터치(Abalone TTouch)

당신의 손바닥 전체로 따뜻함과 안정감을 제공하는 접촉이기 때문에, 이 티터치는 예민한 개에게 이상적이다. 또한 당신은 불안해하는 동물들이 진정하고 안심하도록 도와줄 수 있다. 만져지는 것이나 빗질에 매우 민감한 개들은 아바론 티터치의 도움으로 공포와 저항을 극복할 수 있다.

방법

아바론 티터치를 하기 위해 손을 개의 몸에 가볍게 댄다. 당신의 손 전체로 피부를 기본 원인 한 바퀴와 1/4의 써클로 움직인다. 충분한 압력을 사용하는 것이 중요한데 이것은 당신의 손만 피부 표면을 미끄러져 가는 것이 아니라 실제로 피부를 움직이는 것이다. 아바론은 라잉 레오파드 티터치(p.40)와 매우 비슷하지만 손바닥 전체(손가락들이 아니라)로 피부를 써클로 움직이는 것이므로 더 쉽다.

다른 손은 관계를 형성하며 부드럽게 몸을 지지해준다. 아바론 티터치의 전형적인 속도는 2초이고 언제나 매우 가벼운 압력으로 실행하여야 한다. 아픈 개라면 압력 1을 사용하고, 긴장해 있으면 압력 1이나 2를 사용한다.

써클을 끝낸 후 다음 써클을 시작하기 전에 손은 몸을 따라 미끄러져 두 써클을 연결한다. 세 번 또는 네 번의 티터치 후에는 주의 집중하는 멈춤으로 신경계가 티터치와 통합할 시간을 주도록 한다.

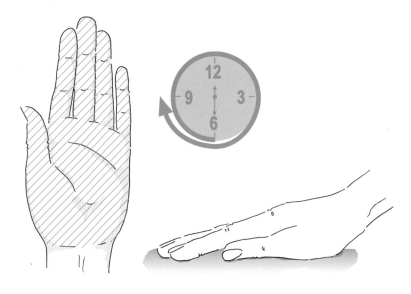

사진 설명

1. 가슴

아바론 티터치는 불안해하는 개들을 진정시키고 가슴의 아픈 근육들과 긴장을 풀어 주는 데 아주 좋다. 손의 따뜻함은 이 효과를 매우 증진시킨다.

2. 머리와 입

머리 옆쪽에 하는 아바론 티터치는 입에 티터치를 하기 위한 개를 준비시켜 준다. 머리 양쪽 모두에 하는 차분한 아바론 티터치는 조용한 연결과 신뢰감을 만들어 준다. 사진에서, 나는 내 두 손 사이로 머즐[1]을 부드럽게 받쳐 진정시키고 신뢰를 형성하고 있다.

3. 등과 갈비뼈

천천히 부드러운 압력 2로 등과 갈비뼈를 따라 2초의 써클로 하는 아바론 티터치는 니나(Nina)를 편안하게 해서 눕고 눈을 감게 한다. 나는 그 개의 갈비뼈를 따라 선을 연결하는 아바론 티터치를 활용했다.

---

1 muzzle, 동물, 특히 개와 말의 코와 입 부분(주둥이) 또는 입마개

만약 당신의 개가 티터치하는데 여전히 가만히 서 있지 않으면 어떻게 해야 하는가?

당신은 초반에 불안하고 수줍어하거나 어린 개를 부드럽게 제어할 필요가 있을지도 모른다. 만약 차분하게 시작하지만 당신의 개가 안절부절못하거나 당신이 티터치들을 한 후 떠나고 싶어 하면 몇 가지 해결 가능한 방안들이 있다:

- 당신의 압력과 속도를 조정한다.
- 당신의 호흡에 유의하고, 긴장을 푼다.
- 손가락들을 부드럽게 한다.
- 티터치들을 몸 전체로 퍼뜨린다.
- 써클이 원만하도록 집중한다.
- 부위가 민감하거나 아프지 않은지 확인한다.
- 다른 티터치를 시도한다.
- 편안한 개를 상상한다.
- 짧은 시간 동안 한다.
- 빠른 써클(1초)로 시작하고 점점 천천히 한다.

진정시키고 더 깊은 관계를 쌓는다

라잉 레오파드 티터치
(Lying Leopard TTouch)

라잉 레오파드 티터치의 접촉 부위는 손가락들이다. 이것은 손가락들의 세 마디를 모두 또는 한 마디만 포함할 수도 있다. 써클들을 몸에 그릴 때 비록 당신 손바닥이 개의 몸에 가볍게 닿겠지만, 손바닥은 피부를 움직인다. 만약 당신이 소형견의 다리를 티터치하려면, 손가락의 첫 마디만으로 피부를 움직이도록 한다. 이 티터치는 신뢰를 쌓고 긴장을 완화하도록 고안되었으며, 따뜻함과 안정감을 제공하는 아바론 티터치 그리고 집중되고 간결한 클라우디드 레오파드 티터치와 연결하여 잘 실행할 수 있다.

방법

손을 개의 몸에 가볍게 대고 그림과 같이 기본 써클을 손가락들의 아래 면을 이용해 피부를 움직인다. 손의 빗금친 부분은 일반적으로 당신이 몸을 만질 때 접촉하는 부분이지만, 몇 가지 경우(예를 들어 개의 머리나 다리를 티터치할 때) 손바닥은 접촉하지 않아야 한다.

당신의 다른 손은 다음 페이지의 사진에서와 같이 몸을 건제해 주고, 엄지는 다른 손가락들과 연결을 유지하지만 써클을 만들지는 않는다.

2초의 써클들은 진정시키며 의식을 불러온다. 한 번의 써클이 끝나면 몇 인치 떨어진 다음 위치로 미끄러져 다음 써클과 연결한다.

몇 회의 티터치 후에, 9시 방향에서 주의 집중하는 멈춤을 하여 개가 티터치를 온전히 경험할 수 있는 기회를 제공한다.

사진 설명

1-2. 머리와 목

많은 개들은 주의 집중하는 접촉으로 머리가 만져지는 것을 좋아한다. 하지만 만약 개가 독립적이거나 소심하

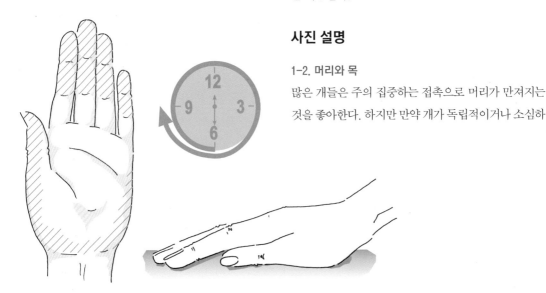

면 당신은 어깨부터 시작해서 먼저 동의를 받아야 할 수도 있다. 개의 이마, 입의 양쪽, 머즐 아래, 그리고 목에 부드러운 라잉 레오파드 티터치로 신뢰를 형성한다.

3. 어깨

어깨 근육의 긴장은 개의 걸음뿐만 아니라 호흡도 방해한다. 이런 부드러운 티터치들로 당신은 단단한 어깨 근육들을 이완시킬 수 있고 두려움, 예민함과 과잉 행동을 줄일 수 있으며 더 나은 정신적, 신체적 그리고 감정적인 균형을 이룰 수 있다.

4. 허벅지와 다리

당신은 허벅지 안과 바깥쪽에 라잉 레오파드 티터치를

해 줌으로써 큰 소음에 반응 행동을 하는 개뿐만 아니라 고관절 이형성증[1]이나 과도한 트레이닝 후에 지친 근육을 가진 개들을 도울 수 있다. 허벅지 위쪽부터 시작해서 라잉 레오파드 티터치를 발바닥까지 선을 따라 연결된 써클로 이어 실행한다. 몇 번의 써클들이 끝나면 9시 방향에서 2초 동안 쉰다.

---

1 hip dysplasia, 고관절(엉덩이관절)의 주변 인대와 근육의 불균형으로 발생하여 통증을 유발하고 비정상적인 보행, 활동성 감소나 식욕부진, 소리 발생 등 다양한 증상 유발

지각, 집중 그리고 관계를 촉진시킨다

클라우디드 레오파드 티터치 (Clouded Leopard TTouch)

클라우디드 레오파드[1] 티터치는 기본 티터치이다. 모든 다른 써클 티터치들은 클라우디드 레오파드 티터치들의 변형들이다. 이 티터치를 하기 위해서는 당신의 손가락들을 살짝 구부리고 가볍게 모아준다. 개의 크기에 따라, 당신은 매우 가볍게(압력 1) 또는 큰 개에게는 압력 3을 적용할 수 있다. 주기적인 작업으로 당신의 개는 더 많은 신뢰와 협력 의지를 발전시키게 될 것이다. 이 티터치는 불안해하거나 초조해하는 개들에게 특히 효과가 있다고 증명되었다. 또한 이것은 복종 훈련이나 경기 대회와 같은 새롭고 도전적인 상황에서 개들이 더 자신감을 느끼도록 도와줄 수 있다.
또한 이 클라우디드 레오파드 티터치는 불안정하거나 신경계 문제를 가진 개들의 조정력을 향상시킨다.

1 구름 표범, 크기는 55~110cm, 꼬리 길이는 약 85cm, 무게는 15~23kg의 중간 크기 식육목 고양이과 동물로 몸에 구름 모양의 무늬를 가지고 있으며 중국 남부와 인도 북부, 그리고 동남아시아에 분포하고 이름만 표범이고 사자, 호랑이, 표범 등과 같은 아종과는 종 자체가 다른 종임

방법

당신의 손을(손가락들을 조금 구부린 채로) 개의 몸에 놓는다. 손가락들을 가볍게 모은 채로 피부를 한 바퀴와 1/4의 써클로 움직인다. 그림에서 보이는 손가락의 빗금친 부분이 개의 피부에 닿아야 한다.

당신의 엄지를 개의 몸에 놓고 다른 손가락들은 연결하게 된다. 손목은 곧게 그리고 가능한 한 유연하게 유지하도록 한다. 당신의 손가락, 손, 팔, 그리고 어깨는 편안하게 한다. 당신의 다른 손을 개의 몸에 놓고, 이것은 당신이 균형을 유지하는 데 도움을 줄 것이다.

이 티터치를 하는 데 걸리는 가장 일반적인 시간은 압력 2나 3으로 2초간 지속하는 것이다. 클라우디드 레오파드 티터치를 끝내고 따라가는 선을 상상하면서 미끄러지며 모발을 지나 다음 티터치로 연결한다. 이것은 개의 몸에 대한 지각을 향상시킨다. 세 번 또는 네 번의 티터치들을 한 후 잠시 멈추어 개가 이 작업을 통합할 수 있도록 해 준다.

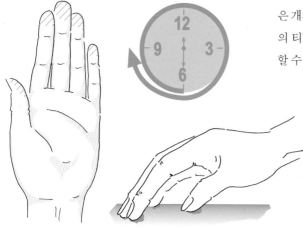

사진 설명

1. 머리부터 꼬리

당신이 클라우디드 레오파드 티터치를 개의 몸 전체에 행할 때 개가 몸을 더욱 지각하게 만들 것이며, 이뿐만 아니라 웰빙의 기분을 증가시킬 것이다. 머리의 중앙부터 시작해서 "연결된 티터치"들을 곧은 선으로 목, 어깨 그리고 등을 따라 행하도록 한다. 비슷한 선들의 연결된 티터치들을 서로 평행하게 지속한다.

2-3. 앞과 뒷다리

경직되고 긴장하고 또는 수줍어하는 개들은 다리에 하는 티터치들을 통해 스스로 자신감을 얻을 수 있다. 또한 그 개들은 지면에 더 친밀해질 것이다. 만약 당신의 개가 허락하면 다리의 위쪽에서 시작하고 발 방향으로 내려간다. 당신의 개가 서거나 앉거나 어느 것이든 가장 편안한 상태로 할 수 있다. 발에 티터치할 때, 압력 2를 이용하도록 한다.

상처입고 붓고 예민한 부위에 사용한다

라쿤 티터치(Raccoon TTouch)

라쿤 티터치는 가장 작고 섬세한 티터치이다. 특히 몸의 가장 예민한 부분에 유용하고 치유 과정의 속도를 높인다. 개의 발가락과 같이 몸의 작은 부분과 부상들 또는 관절염에 사용한다. 라쿤 티터치는 가끔 강아지들이나 소형견종들에게 사용된다. 당신은 이 티터치를 매우 가벼운 압력으로 최단 시간 동안 행하여 고통이나 예민한 부위를 축소시킬 수 있다. 그것은 치유를 촉진하고 영향을 받은 부위에 더 많은 지각을 하게 한다.

방법

손톱 길이에 따라 손가락 끝을 60에서 90도로 구부린다. 이 티터치는 손가락의 끝, 손톱 바로 밑으로 한다. 가벼운 압력―압력 1이나 2의 정도―으로 한 바퀴와 1/4의 써클을 그린다.

당신의 엄지는 써클들과 가벼운 압력을 유지하는 연결을 한다. 2초 티터치로 느리게 하는 것이 회복을 돕는 데 유용하지만, 라쿤 티터치는 빠른 티터치 중 하나이며 일반적으로 약 1초가 걸린다. 극심한 부상의 경우 압력 1을 부위 전체에 행하거나 압력 1을 라잉 레오파

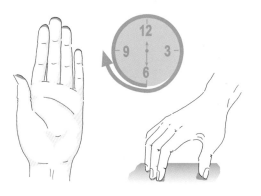

드 티터치로 대신 할 수 있다.

손가락으로 받치는 것조차 개에게 부담이 되는 상황들도 있다. 이러한 개들에게 우리는 손을 가능한 한 이완된 상태로 유지하고 엄지의 사용은 피해야 한다. 때때로 우리는 오직 한 개 또는 두 개의 손가락만을 사용하고 만약 작은 강아지의 입에 하려면 당신의 손가락을 젖은 면봉으로 대체할 수 있다.

사진 설명

1. 등, 엉덩이 그리고 허벅지

등의 통증이나 긴장을 위해 척추 양쪽을 따라 매우 가벼운 라쿤 티터치를 하는 것을 권장한다. 고관절 이형

성증 때문에 소리[1]가 나는 개들에게 하루에 몇 분씩 압력 1로, 2초의 라쿤 티터치를 몇 년 동안 엉덩이에 해 주었다. 어떤 개들은 다친 다리가 회복된 후에도 그 다리를 편애하는 습관을 만든다. 당신은 라쿤 티터치를 이용해서 통증에 대한 기억과 생각을 세포 단위에서 해방시키고 그 다리가 이제 회복되어서 체중을 지탱해도 안전하다는 인식을 향상시키도록 신경계를 재교육할 수 있다.

2. 아래쪽 등과 엉덩이

나이 든 개들은 붓거나 아래쪽 등(허리)과 신장 위쪽 엉덩이의 경직으로 고통받을 수 있다. 아주 가벼운 라쿤 티터치를 사용하는 것은 그 부위에 대한 지각을 불러오고 부어오르는 것을 줄일 수 있다. 가장 가벼운 티터치를 행하는 것이 중요한데 왜냐하면 티터치의 압력으로 개선되는 것이 아니라 세포의 회복 잠재력 활성화와 지각의 증가로부터 이루어지기 때문이다. 라쿤 티터치와 라잉 레오파드 티터치를 결합해서 하도록 한다.

3. 꼬리

이 사진에서, 나는 아주 가벼운 라쿤 티터치를 단미[2]된 꼬리에 행하고 있다. 절단된 꼬리와 다리는 평생 동안 환상통증[3]을 유발할 수 있다. 당신은 아주 작고, 매우 가벼운 써클들로 절단 부위의 끝을 만져서 그러한 기억들을 지우고 불안정한 감각을 제거할 수 있다. 단미된 꼬리는 종종 매우 경직되어 있고 라쿤 티터치는 이 경직을 풀어 줄 수 있다. 당신은 꼬리의 다른 쪽을 당신의 손가락들과 엄지를 연결하여 부드럽게 엄지로 잡을 수도 있다.

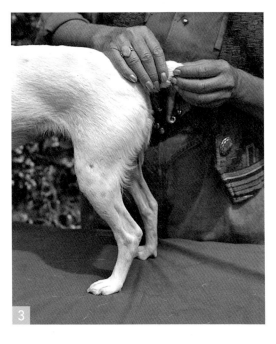

---

1 고관절 이형성증으로 인해 뚝뚝거리는 소리 등
2 동물에 따라 목적에 의한, 질병 대비를 위한 외과적 목적 등으로 꼬리를 자르고 개도 같은 이유로 꼬리를 자르거나 사고 등으로 꼬리가 잘린 경우도 있음
3 phantom pain, 헛통증이라고도 하고 몸의 어떤 부위나 장기가 물리적으로 없는 상태에서 통증을 느끼는 병

베어 티터치(Bear TTouch)

라쿤과 베어 티터치는 매우 유사하다. 차이점은 베어 티터치에서는 당신의 손톱이 사용된다는 것으로, 가려움이 있는 개나 매우 묵직한 근육의 개에게 이상적이다.

방법

손가락의 첫 번째 마디로, 피부를 곧바로 누른다. 한 바퀴와 1/4의 써클을 주로 손톱으로 만든다. 만약 묵직한 근육 부위에 하고 있으면 손톱과 손끝으로 근육 위로 피부를 굴리며 작은 써클을 만든다. 손가락들을 모아서 유지한다. 베어 티터치를 효과적으로 하기 위해서는, 손톱이 중간 길이로 3mm ~ 6mm 사이여야 한다. 베어 티터치를 먼저 스스로에게 해 보고 당신의 손톱이 얼마나 되는지 느끼도록 한다. 압력은 1에서 4까지 다양해야 한다. 당신은 촉촉하고 시원한 천을 자극되어서 가려운 부위에 대고 천을 통해 베어 티터치를 할 수도 있다. 벌레 물린 곳, 피부 알레르기 그리고 핫 스팟[1]에는 가벼운 압력만—압력 1에서 3—을 적용한다.

---

1 hot sopt, 표재성 농피증, 급성 습진성 피부염이라고도 하고 피부에 있는 붉은 반점으로 피부에 발생하는 감염 질환으로 심한 가려움증을 동반하는데 개에게는 일반적이지만 고양이에게는 일반적이지 않은 피부질환

만약 당신의 개가 앉거나 눕지 않으려 하면 어떻게 해야 하는가?

어깨를 고정시키거나 목줄을 이용해 개를 가만히 유지시킨다. 완전히 둥근 써클들과 일관된 속도와 압력을 제공하는 데 집중한다. 몇 번의 써클은 반시계방향으로 시도하는데, 이는 일부 동물들은 더 안정을 찾는다. 하지만 개가 진정되고 나면 시계방향 써클들로 돌아와야 한다. 움직임은 개를 안정시킬 수 있으므로 당신은 짧은 산책이나 라비린스(Labyrinth)를 통과할 수도 있고 그곳에서 몇 가지 티터치들을 활용할 수 있다(p.110).

사진 설명

1. 머리

당신은 지금 가벼운 종류의 베어 티터치를 보고 있다. 나는 손가락들을 살짝 벌리고 동시에 네 손가락 모두를 개의 머리에 놓고 사용하고 있다. 아주 가벼운 압력을 사용하여 천천히 그리고 모든 손가락을 같은 리듬으로 사용하도록 한다. 또한 당신 손의 무게에 압력을 가하지 않도록 주의한다.

2. 어깨

근육으로 잘 발달된 어깨에 티터치를 할 때 나는 손가락들을 가깝게 모아 유지했다. 베어 티터치는 몸에 대한 지각과 순환을 증가시킨다.

3. 골반

베어 티터치는 가려움이나 붓기에 도움을 줄 수 있다. 압력 1로 시작하고 만약 개가 좋아하면 압력 강도를 높인다.

가려움증을 줄이고 집중을 돕는다

타이거 티터치(Tiger TTouch)

타이거 티터치는 가려움을 완화시키고 핫 스팟을 진정시키는 데 매우 유용하다. 이는 파잉 행동을 하는 개들을 집중하게 하고 다른 티터치를 느끼지 못하는 두꺼운 모발을 가진 개들의 지각을 불러일으키는 데 도움이 될 수 있다. 또한 타이거 티터치는 회복하는 도중에 마비된 개의 지각을 향상시키는 데 매우 효과적이다. 압력 1과 2가 가장 효과적이다.

방법

타이거 티터치를 하기 위해서는 손톱을 몸에 접촉한 채로 개의 몸으로부터 손가락을 90도로 똑바로 유지한다. 가려움을 멈추거나 증가된 감각을 위한 넓은 부위를 다루기 위해 그리고 심하게 많은 근육이나 큰 개의 지각을 위해 손가락들을 대략 3.8cm로 벌린다. 당신의 엄지는 손가락들의 움직임을 안정시키기 위해 가만히 있다. 균형과 견제를 위해 다른 손은 몸에 대고 항상 연결을 유지한다.

사진 설명

만약 개가 흥분했거나 가만히 있지 못하면 어깨부터 시작하여 서너 개의 써클들을 1초의 속도로 만든다. 그런 다음 2초의 타이거 티터치로 늦추어—써클들 사이에 주의 집중하는 멈춤들—진정의 감각을 스며들게 한다. 가려운 부위나 핫 스팟들은 개가 받아들일 정도의 2초 써클을 가벼운 압력으로 만든다. 만약 핫 스팟에 자극이 되었거나 피부가 벗겨져 있으면 깨끗한 천을 그 부위에 대고 티터치를 하도록 한다.

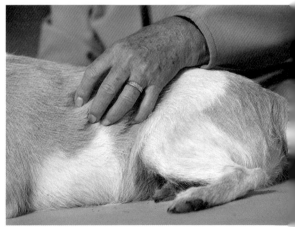

격려하고 편안하게 한다

트로이카 티터치(Troika TTouch)

트로이카 티터치는 우리의 새로운 티터치이며 결합된 티터치로 여겨진다. 이것은 당신의 개에게 손톱으로 하는 가장 가벼운 압력 1의 타이거 티터치와 연결하기 좋은 방법이 될 것이다. 나는 이 다양성을 "흥미진진한 티터치"라고 부른다. 결합에 따라 이것은 기운나게 해 주거나 편안하게 해 줄 수 있다. 이는 순환계를 활성화하거나 진정하도록 할 수 있다. 만약 이 티터치를 연습하고 싶으면 친구에게 시도해 본다.

방법

긴장을 완화하기 위해, 익숙하고 기초적인 클라우디드 레오파드 써클로 시작한다. 9시 방향에 도달하면, 손가락을 부드럽게 구부려서(당신이 하프를 연주할 때 한 현에서 다른 현으로 옮길 때 하는 것처럼) 원의 3/4 방향으로 피부는 움직이지 않으면서 피부를 가로질러 손가락들을 밀어낸다. 당신은 손을 둥글게 구부려서 다른 곳에서 끝나게 될 것이고 계속해서 그곳에서부터 다음 트로이카 티터치를 시도한다.

라잉 레오파드 써클을 트로이카 티터치와 함께 사용할 때, 진정되는 결과를 얻을 수 있다. 반면에, 타이거 티터치를 트로이카 티터치와 함께 사용하게 되면 이것은 동물을 기운나게 해 주거나 "흥미를 불러일으켜" 개가 더 많이 원하게 된다. 이는 당신이 동물을 "깨우거나"—또는 조용한 방식으로 과정을 끝내고 싶을 때에도 효과가 있다. 대부분의 개들은 트로이카 티터치를 좋아하지만 등이나 다른 부위에 긴장이나 통증이 있는 개들에게는 추천하지 않는다. 수줍어하거나 불안해하는 개들에게는 느리고 가벼운 티터치를 사용하거나 "흥미진진한 타이거 티터치"를 한다.

사진 설명

등

트로이카 티터치를 목 뒤쪽에서 시작해서 척추를 따라 꼬리를 향해 실행한다. 당신은 처음에 빨리 진행하고 그 후 티터치의 속도를 느리게 해서 흥분했거나 과잉행동을 하는 개들의 주의를 얻을 수 있다. 또한 당신은 편안하게 해 주는 티터치 수업 후에 개를 재충전시킬 때 트로이카를 사용할 수 있다. 나의 개 래인(Rayne)은 가능한 가장 가벼운 "흥미진진한 타이거 티터치"를 좋아한다.

만져지는 것을 싫어하는 개들을 위해

라마 티터치(Llama TTouch)

라마[1] 티터치는 손등 쪽 손가락 부분으로 행해진다. 예민하고 두려워하는 개들은 손등으로 만져지는 것을 덜 위협적으로 인지한다. 이러한 개들에게, 처음에 이 티터치를 사용한다. 그 개들이 당신을 신뢰하기 시작하면, 다른 티터치들을 사용할 수 있다.

---

1   낙타과, 가축화된 동물로 야생에는 존재하지 않는 동물

방법

라마 티터치를 위해서는 한 바퀴와 1/4의 써클을 손등이나 손등 쪽 손가락 부분을 사용해서 한다. 압력은 항상 가볍게 한다. 이것은 손가락과 손등이 연결되는 부분만 사용하거나 손 전체를 사용해서 할 수 있다. 일반적으로, 6시 방향에서 시작해서 한 바퀴와 1/4만큼의 써클로 피부를 눌러 준다.

라마 티터치는 손의 옆쪽을 사용할 수도 있다. 이것은 낯설거나 불안해하는 개와 처음 접할 때 좋은 방법이나. 또한 이 티디치는 손가락이 많이 유연하지 않은 사람들에게 유용하다.

사진 설명

1-4. 목과 등

이 사진들에서, 나는 왼손은 개의 등에 두고 어떤 티터치도 하지 않으며 라마 티터치를 내 손등 쪽 손가락 부분으로 하고 있다. 나의 접촉은 매우 가볍지만, 써클 안에서 피부를 움직일 정도로 충분히 견고하다.

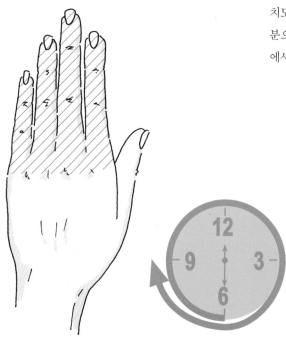

당신의 개가 티터치를 거부할 때에는 무엇을 해야 하는가?

라마 티터치는 때때로 이러한 경우들에 적합하다. 많은 개들은 "벌린 손"으로 잡는 것을 두려워하는데, 그래서 당신의 손등으로 먼저 겁먹은 개를 만지는 것이 좋은 생각이다. 이것은 훨씬 덜 위협적이고 불안해하는 많은 개들은 기꺼이 부드러운 접촉을 받아들인다.

침프 티터치(Chimp TTouch)

침프 티터치는 라마 티터치와 유사하고 개와 첫 관계를 형성할 때 사용할 수 있는데 이것이 신뢰를 촉진시키기 때문이다. 또한 당신의 개가 벌린 손으로 닿기 힘든 곳에 있을 때 도움이 되는 티터치이다.

방법

손바닥 쪽으로 손가락들을 굽히고 손등 쪽 첫 번째와 두 번째 손가락 마디의 평평한 부분을 사용한다. 만약 강아지나 정말 작은 개를 다루면 티터치를 조절하고 오른쪽 그림과 같이 손등의 손가락 첫 마디를 사용한다. 손등의 손가락 부분으로 한 바퀴와 1/4의 써클을 그린다.

당신은 이 "베이비" 침프 티터치를 사용할 때 당신의 손가락들이 이동성을 더 갖게 되고 동물에게 더 부드럽게 연결된다는 것을 알게 될 것이다. 먼저 침프 티터치를 압력 3을 사용해서 스스로에게 시도해 본다.

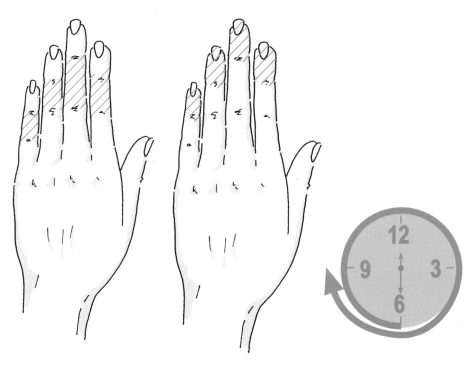

사진 설명

1. 머리와 입

침프 티터치는 개가 머리와 입을 만지는 것에 예민할 때 매우 유용하다. 개의 목부터 시작해서 머리와 입으로 향해 침프 티터치들을 연결한다.

2. 엉덩이

겁을 많이 내는 개들은 등과 양쪽 뒷다리와 엉덩이가 매우 경직되어 있고 손을 벌려서 하는 티터치에 반응 행동을 할 수 있다. 당신의 호흡을 주의하고 어깨에 압력 1로 연결된 침프 티터치를 시작해서 엉덩이 쪽으로 조심스럽게 진행해 나간다. 아픈 부위들은, 예를 들면 관절염 걸린 엉덩이 같은, 손가락 하나로 하는 침프 티터치들로 다룰 수 있는데, 이것은 대부분의 개들은 먼저 받아들이고 그 후에는 즐기게 된다.

3. 오랑우탄 티터치

오랑우탄 티터치는 부드러움과 지각을 한 층 더한 것이다. 이는 침프와 베이비 침프 티터치들을 결합한 것이고 당신은 손가락 등의 두 번째 마디까지 활용한다. 당신의 손가락들은 가볍게 구부러져 있고 손목은 팔의 같은 높이로 한다.

당신의 개가 엉덩이와 뒷다리에 티터치 받는 것을 좋아하지 않으면 무엇을 해야 하는가?

개의 반응 행동을 조심스럽게 관찰하여 다른 부분에 계속하고 그 개의 "카밍 시그널"을 확인한다. 목에서 시작하고 꼬리 쪽을 향해서 한다. 이전보다 많이 가벼운 압력을 사용하고 티터치를 더 천천히 한다. 개가 엉덩이와 뒷다리에 통증을 느낄 수 있거나 무서워할 수도 있다. 그래서 처음에는 다른 티터치를 시도해 보거나(예를 들어 라마 티터치) 완드로 조심스럽게 개를 쓰다듬는 것을 권할 수 있다. 또한 당신은 완드 끝의 버튼 사용하여 개가 더 편안하게 느낄 때까지 몸의 엉덩이 쪽에 작은 써클들을 만들 수도 있다.

긴장을 완화시키고 진정시킨다

파이선 티터치(Python TTouch)

파이선 티터치는 특히 수줍어하고 긴장하고 과잉 행동을 하거나 조절되지 않는 개들에게 유용하다. 공포, 긴장 그리고 과잉 행동은 개가 스스로 적절히 사용하는 자신의 몸과 능력에 대한 지각을 저해한다. 파이선 티터치는 개가 더 "지면을 지지하도록" 돕는데, 이는 정신적, 감정적 그리고 신체적 균형을 향상시킨다.

또한 파이선 티터치는 진정시키고 안정감을 주는 효과가 있는데 이것은 순환은 증가시키고 긴장은 줄여 준다. 그리고 나이가 들었거나 아픈 부위가 있는 개들에게 매우 좋을 수 있다. 당신 손의 따뜻함은 이 티터치를 더 효과적으로 한다.

방법

당신의 손을 평평하게 몸에 놓는다. 부드럽게 그리고 천천히 피부와 근육을 위로 움직인다. 움직임과 함께 호흡하고 몇 초간 숨을 참는다. 다른 손으로, 목줄로 개를 잡거나 그의 가슴을 잡고 고정시킨다. 접촉이나 압력을 바꾸지 않고 천천히 피부를 원점으로 되돌린다. 만약 당신이 피부를 들어 올리는 것보다 두 배의 시간을 들여서 풀어 주면 긴장 완화의 효과는 더 좋아질 것이다. 당신이 파이선 티터치를 다리에 할 때, 한 번 들어 올리고 당신이 발에 도달할 때까지 1.25cm씩 미끄러져 내려가도록 한다. 몸에 할 때는 파이선 티터치들을 같은 간격으로 평행한 선으로 진행한다.

1

54

개가 스트레스 신호들을 보내면 무엇을 해야 하는가?

두려워하고 공격적이고 과잉 행동을 하는 개들은 스트레스 상황에 있고 일반적으로 차갑고 민감한 발을 가지고 있다. 결과적으로 그 개들은 발에 대한 지각은 떨어지고 점차 불안감을 느끼게 된다. 파이선 티터치는 개에게 지면과 연결하는 감각과 안정감을 준다. 스포츠에서 경쟁하는 개들과 일하는 개들에게, 파이선 티터치는 성과를 향상시키고 젖산이 축적되는 것을 줄여 준다. 또한 이러한 티터치는 민첩성, 이동성, 균형과 균등한 걸음걸이를 향상시킨다.

사진 설명

당신은 파이선 티터치들을 어깨, 등, 배 그리고 다리에 행할 수 있다. 이 사진들은 개의 다리에 그것을 어떻게 행하는지 보여 주는 것이다.

1. 앞다리

개의 옆으로 다가가 당신의 손 전체를 앞꿈치[1] 바로 아래 다리 주변에 놓는다. 당신이 대형견을 다룬다면 양손을 이용할 수 있다; 소형견에게는 손가락만 사용할 수도 있다. 첫 번째 파이선 티터치 후에, 손을 아래로 내려 다시 시작한다. 만약 개가 받아들이면 이 방식을 발에 도달할 때까지 계속한다.

---

[1] elbow, 윗 앞다리와 무릎 위의 아래 앞다리 사이에 있는 앞다리의 관절

2. 뒷다리 윗부분

당신의 평평한 두 손으로 허벅지를 감싸고 엄지는 허벅지 바깥으로 두거나, 한 손은 안쪽에 다른 손은 다리 바깥쪽에 둔다. 안전을 위해, 당신이 개를 잘 알고 개가 물지 않는다고 확신할 때만 개에게 몸을 굽히도록 한다. 이 부분에 파이선 티터치를 하는 것은 큰 소리를 두려워하는 개들에게 특히 도움이 된다.

3. 뒷다리 아랫부분

뒷다리 아랫부분의 지름이 더 작기 때문에 당신은 두 손으로 감쌀 수 있다―또는 한 손으로도 가능하다. 파이선 티터치를 당신과 개에게 가장 편한 방식으로 행하도록 한다. 발에 도달하고 다리를 끝냈으면, 노아스 마치를 위부터 아래까지 다리 전체에 행한다(p.64).

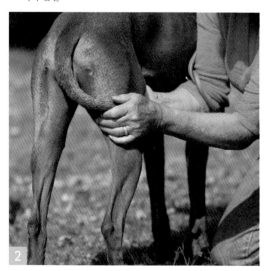

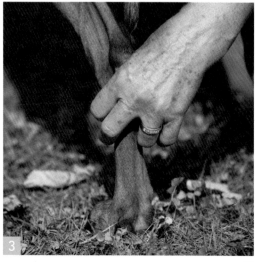

코일드 파이선 티터치 (Coiled Python TTouch)

이 티터치는 써클 티터치와 파이선 티터치를 결합한 것이다. 써클 티터치들은 개의 집중력을 깨운다. 파이선 티터치를 연달아 하면서 동물과 핸들러가 더 깊게 호흡하고 편안하게 집중하는 상태가 되도록 권장된다.

방법

라잉 레오파드 티터치와 같은 기초적인 티터치 써클을 사용하여 6시 방향에서 피부를 움직여 한 바퀴 돌아 6시로 오고 9시까지 움직인다. 이때 피부를 놓아 주기보다 위쪽으로 곧게 피부를 움직이도록 한다—잡아당겨 늘리지 않는다. 잠시 멈추고 부드럽게 피부를 아래로 되돌려 6시로 가져온다.

몸에 티터치를 하는 사이, 모발을 가볍게 가로질러 다음 써클 티터치로 미끄러져 간다. 써클들 간의 연결을 느끼도록 한다. 당신이 이런 연결된 슬라이드들에 주의 집중할수록 당신의 개에게 균형, 집중력과 지각의 감각을 심어주는 데 더 많은 성공을 할 수 있다. 써클들과 슬라이드들은 척추와 평행한 선을 따라 행하고 다리 아래로 수직선들을 만든다.

다리에 티터치할 때, 다리 위쪽에서 시작하고 발까지 아래로 내려가며 행한다. 엄지는 다리 한 쪽에 대고 손가락들을 다른 쪽을 살짝 감아 가벼운 파이선 티터치들을 큰 개에게 해 준다. "리프트"를 한 후, 피부를 가볍게 원점으로 인도한다. 그리고 가볍게 미끄러져 2.5cm나 그보다 더 아래에서 다시 시작한다. 소형견의 경우 손가락들 첫 마디와 엄지 사이로 피부를 부드럽게 잡는다. 다리에 행하는 코일드 파이선 티터치는 진정하고 지면을 지지하고 집중하도록 돕는다.

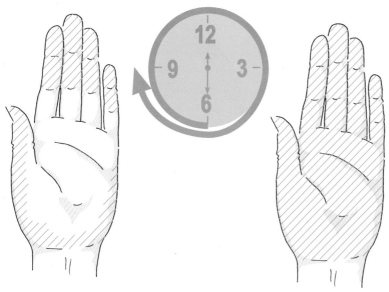

사진 설명

1. 어깨

몇 가지 경우들에서 두 손 사이에 개를 고정시키는 것이 도움이 될 수 있다. 여기에서 나는 오른쪽 어깨에 하는 코일드 파이선을 보여 주고 있다. 이 티터치와 결합된 연결의 자세는 개가 안전하고 균형이 잡혔다고 느끼게 만든다.

2. 앞다리

소형견들에게 행할 때 두 개나 세 개의 손가락만 사용

하여 티터치를 조절하도록 한다. 엄지는 위로 올리는 자세에서 손가락을 보조한다.

3-4. 뒷다리

나는 뒷다리에 아바론 티터치를 파이선 티터치와 결합하는 중이다. 다른 손은 개의 다리 아래쪽을 고정시키고 있다. 나는 허벅지 위쪽에서 시작해서 티터치들을 발 쪽 아래로 연결한다.

민감성은 줄이고 자신감은 증가시키고 순환을 활성화시킨다

타란툴라 풀링 더 플로우 티터치 (Tarantulas Pulling the Plow TTouch)

이 티터치는 "스킨 롤링"[1]이라고 불리는 고대 몽골 방식의 변형이다. 이는 공포에서 벗어나고 촉각 민감성을 줄이고 순환을 활성화시킨다. 만지면 불안해하는 개와 신체 지각이 제한된 개에게 도움이 된다. 또한 당신에 대한 개의 신뢰를 증가시킬 수 있다. 타란툴라 풀링 더 플로우 티터치를 스스로에게나 다른 사람에게 시도해 이완되는 효과를 경험하도록 한다.

---

1 skin rolling, 피부 굴리기, 마사지의 한 방법으로 피부 위에서 양손의 엄지손가락을 중심으로 나머지 손가락으로 피부를 살짝 꼬집듯이 당기며 앞으로 나가며 하는 마사지

방법

개의 몸에 당신의 손을 나란히 놓는다. 엄지는 옆을 가리키고 서로 가볍게 닿을 때 손가락들의 끝부분은 운동 방향의 앞쪽으로 "걸어가는" 것이어야 한다. 양쪽의 검지를 동시에 약 2.5cm 정도 "한 걸음" 나아가고, 두 엄지들이 쟁기처럼 그 뒤를 따르게 한다. 엄지 앞쪽의 피부는 부드럽게 밀릴 것이다. 다음은 중지로 한 걸음 나아간다. 당신의 검지와 중지는 교차하고 엄지가 앞으로 당겨질 때 나아가게 된다. 이 모든 것들은 균형 있고 흐르는 동작으로 진행되어야 한다. 이 몇 가지 "선들"을 꼬리부터 머리까지 척추와 평형으로 등의 다른 부위들에서도 행한다. 타란툴라의 선 끝에 "공중에서 걷기"는 개가 즐기기 좋은 이차적 효과가 있다.

개를 진정시키기 위해, 어깨부터 꼬리까지 천천히 행한다. 개를 활성화시키려면, 더 빨리 그리고 모발의 역방향으로 한다.

58

사진 설명

1-5 등부터 머리까지

척추의 어느 쪽이든 당신의 손을 놓는다. 만약 개가 엉덩이 쪽 만지는 것을 걱정하면 어깨부터 시작해서 점진적으로 뒤쪽 꼬리로 향한다. 이 사진들은 뒤에서 앞으로 타란툴라 티터치를 해서 개의 순환을 활성화시키는 것을 보여 준다.

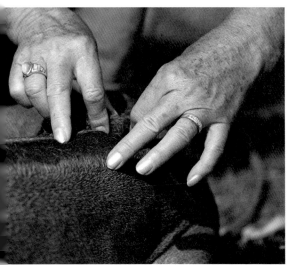

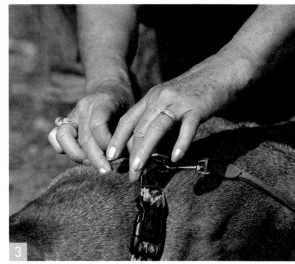

편안하게 하고 진정시키며 활성화시킨다

헤어 슬라이드(Hair Slides)

헤어 슬라이드를 하는 것은 개와 당신 모두 편안하게 하여 개와 관계를 만드는 훌륭한 방법이다. 이것은 손질을 두려워하는 개들에게 도움이 되는 즐거운 경험을 제공한다. 모발의 뿌리는 신경계와 연결되어 있으므로, 신경 문제를 겪고 있는 개들에게 훌륭한 티터치가 된다.

방법

당신의 엄지와 검지 사이를 남겨 두거나 당신의 평평한 손의 손가락 사이 공간을 활용해서 모발의 뿌리 부분에서 끝까지 부드럽게 미끄러져 올라간다. 또한 당신은 한 번의 움직임으로 많은 모발들을 당신의 손가락들로 미끄러지듯 훑을 수 있다. 손가락들을 살짝 벌리고 손을 펴서 모발 안으로 밀어 넣고, 손가락들을 모으고, 그 다음에 모발의 뿌리에서 끝까지 90도로 부드럽게 손으로 미끄러트려 올린다.

모발의 뿌리에 가능한 한 가깝게 시작하고 모발이 자라는 방향을 따라간다. 만약 천천히 그리고 부드럽게 헤어 슬라이드를 한다면 당신은 개와의 관계를 확실히 쌓을 수 있을 것이다. 당신은 이것들이 개뿐 아니라 당신도 편안하다는 것을 깨닫게 될 것이다.

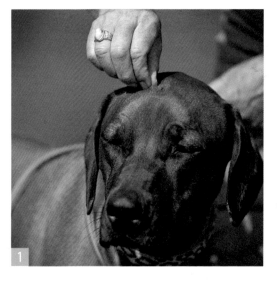

사진 설명

1. 머리

대부분의 개들은 머리에 해 주는 느리고 부드러운 헤어 슬라이드를 좋아한다. 이 티터치로 당신은 불안해하거나 두려워하는 개들을 진정시킬 수 있고 관계를 쌓을 수 있다. 또한 헤어 슬라이드는 계속해서 짖거나 낑낑거리는 개에게 도움이 된다. 당신의 손을 머즐 밑에 두어 개의 머리를 고정시킨다.

2. 어깨

리드줄을 당기는 개들은 과잉 행동을 하고 불안해하거나 극도로 흥분하고 일반적으로 어깨가 매우 긴장되어 있다. 이들을 편안하게 해 주기 위해 헤어 슬라이드를 시도한다. 넓은 부위에 당신의 평평한 손의 손가락들로 하는 헤어 슬라이드는 깊은 편안함으로 이끌어 준다. 다른 손으로 반대쪽 어깨를 지탱해 준다. 장모종들은 손가락을 벌려 모발을 따라 미끄러지듯 위로 올라간다.

개의 헤어 슬라이드를 하기에 모발이 너무 짧으면 무엇을 해야 하는가?

개의 피부를 엄지와 검지로 부드럽게 들어 올리고 피부를 매우 천천히 놓으면서 모발을 따라 쓸어 올린다. 개를 꼬집지 않도록 조심한다.

3-4. 등

헤어 슬라이드는 다른 티터치들을 쉽게 받아들일 준비가 되지 않은 개들에게 티터치 바디워크에 대한 즐거운 소개가 될 수 있다. 개의 등에 하는 헤어 슬라이드는 부드럽고 사랑스러운 방법으로 지각과 유연성을 더 만들어낼 수 있다. 당신은 등의 넓은 부위는 손 전체로, 좁은 부위는 손가락으로 할 수 있다.

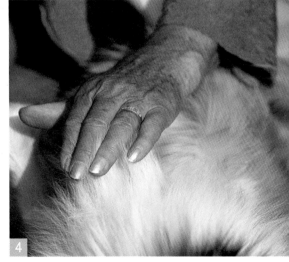

릭 오프 더 카우스 텅
(Lick of the Cow's Tongue)

릭 오프 더 카우스 텅은 미끄러지는 티터치 중 하나이다. 어깨에서 등으로 그리고 중앙에서 척추로 모발을 가볍게 쓸어내는 동작은 유연성과 개의 움직임의 유동성을 향상시킨다. 이것은 개들을 위한 어질리티에서 위빙 동작,[2] 점프 그리고 회전 동작들과 복종 훈련 단계에서 균형과 유연성을 향상시키는 탁월한 방법이다. 스포츠 활동 후에 신체에 에너지를 회복하기 위해 릭 오프 더 카우스 텅을 활용하도록 한다. 이 티터치는 순환을 증가시키고 개의 신체 지각을 향상시킨다.

---

1 body awareness, 전신의 움직임, 각 부분의 움직임을 느끼고 이해하여 자세와 연관된 습관과 동작 패턴을 확인하고 개선하도록 하는 것, 보드와 밸런스 보드 등으로 신체 동작과 균형감을 향상시킴
2 weaving motion, 어질리티 장애물 중 일정한 간격으로 나란히 꽂혀 있는 위브 폴(weave poles)을 S자 형으로 통과해 나가는 게임으로 좌, 우로 폴을 빠져나가는 동작

방법

릭 오프 더 카우스 텅은 당신이 손을 평평하게 사용할 때는 긴장을 풀어 주고 손가락을 구부려 사용하면 더 활성화된다. 가볍게 벌리고 구부러진 손가락들은 어깨에서 시작하여 등의 위쪽으로 미끄러지고 그 다음은 중간부터 등까지 간다. 개의 뒷다리와 엉덩이까지 몇 인치 간격으로 각 슬라이드를 시작한다. 마무리하기 위

해서 꼬리의 끝을 부드럽게 만져 줄 수 있다. 진정시키는 이 티터치는 개의 웰빙과 균형을 향상시킨다.

사진 설명

1-4. 어깨에서 척추로

나는 어깨부터 시작해 손가락들을 가볍게 펼치고 구부린 채로 모발을 지나 가볍게 쓸어내린다. 개의 옆쪽을 따라 척추까지 계속한다. 손가락들을 편안하게 유지해서 부드럽게 개의 모발 사이를 쓸어 준다. 각각의 미끄러짐은 몇 인치 간격들로 행해진다.

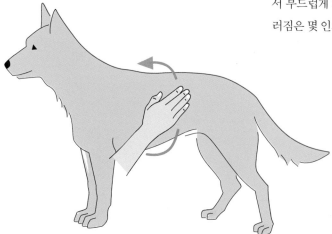

개가 안절부절못하면 무엇을 해야 하는가?

당신의 손이 개 몸의 윤곽을 따라가는 동안 부드러움을 유지하고 조용하고 리드미컬하게 호흡한다. 손을 평평하게 사용하고 "긍정적인 그림"을 당신의 마음속에 유지한다.

노아스 마치(Noah's March)

우리가 티터치 수업의 끝에 종종 사용하는 노아스 마치는 미끄러지는 티터치들 중 하나이다. 써클 티터치들은 몸의 각기 다른 부분들의 지각을 깨우는 반면에 노아스 마치는 부드럽게 미끄러지고 쓰다듬으며 몸 전체를 연결하고 써클 티터치들을 통합한다.

방법

손을 개의 몸에 가볍게 놓고 머리부터 등을 지나 뒷다리와 엉덩이까지 아래로 부드럽게 미끄러지며 접촉을 한다. 이는 65쪽에서 볼 수 있듯이 누워 있는 개에게 또는 서 있는 개에게도 할 수 있다. 대부분의 개들은 이 티터치를 위한 가벼운 접촉을 선호한다.

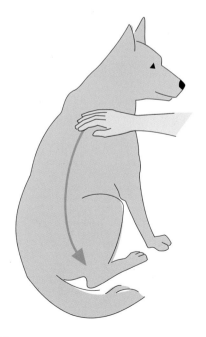

사진 설명

1. 어깨

부드러운 손을 사용하여 어깨에서 시작해 등을 따라 엉덩이까지 미끄러져 간다. 테리어는 편안해졌지만 여전히 이 치료에 귀 기울이고 즐기고 있다.

2-4. 몸

이 자세 또한 효과가 있다. 나는 주의 집중하며 내 손을 개의 등을 따라 엉덩이까지 미끄러트리고 있다. 손가락들을 살짝 벌리고 테리어가 즐기도록 접촉을 계속해서 유지하고 있다. 이것은 서 있는 자세에서도 가능하다.

개가 가만히 기다리지 못할것 같으면 어떻게 해야 하는가?

아마 당신은 너무 강한 압력을 사용하고 있거나 숨을 참고 있는 것이다. 만약 개들이 뒷다리와 엉덩이에 접촉하는 것을 두려워 하면 시작할 때 안전함을 느끼도록 그 부분을 덮어 주기만 한다. 침착해야 한다. 받아들이는 부분은 연결하고 몇 번의 실습 후에 개가 접촉을 신뢰하게 되면 범위를 확장한다.

지그재그 티터치(Zigzag TTouch)

지그재그 티터치는 초기 접촉이나 불안 또는 과잉 행동을 하는 개들의 주의를 얻기 위해 유용하다. 천천히 하면 진정시키고, 더 활기차게 하면 개의 흥미를 불러일으키거나 활기를 띠게 할 수 있다. 지그재그 티터치는 몸의 여러 부분들을 연결시킨다. 이것은 리드미컬하게 이루어져야 한다.

방법

지그재그 티터치라는 이름은 움직임을 시사한다. 손가락을 벌려서, 손을 등 위쪽을 따라 5도 방향의 변화가 교차하는 선으로 모발을 가로질러 손을 움직인다. 손목을 곧게 유지하고 손가락들은 벌리고 이완시킨다. 만약 불안정한 개를 다루고 있으면 처음 몇 번은 조금 빠른 지그재그들을 하다가 그 후에 느리게 한다.

사진 설명

1-4. 몸 위쪽

지그재그 티터치를 어깨부터 시작한다. 손가락들을 벌리고 척추와 사선으로 위쪽으로 움직인다. 그 후, 손가락을 모아서 사선으로 갈비뼈 방향으로 미끄러져 내려간다. 이 미끄러지는 지그재그 운동을 뒷다리와 엉덩이까지 계속한다. 개가 불안해하면 당신이 그에게 다가가기보다 서거나 앉아 있는 같은 쪽의 몸에 지그재그를 활용한다.

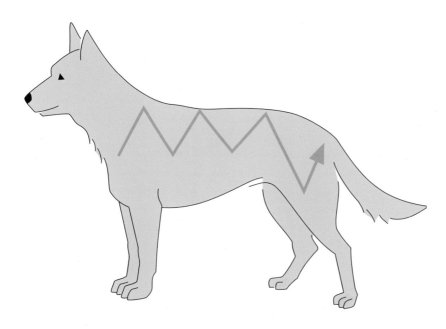

노령견에게 무엇을 해야 하는가?

지그재그 티터치는 나이가 들었거나 근육이 걸리는 개들에게 활기를 주기에 완벽하다. 몇 줄의 지그재그 티터치들을 개 몸의 양쪽에 진행하고 각각 다른 부분에서 시작하여 당신은 가능한 몸의 많은 부분에 도달할 수 있다.

인치웜(Inchworm)

인치웜은 양손으로 행해지고 특히 두려워하거나 불안해하는 동물들의 어깨, 목과 등의 경직을 풀어 줄 때 효과적이다.
인치웜은 자벌레가 움직이는 방식을 따라 그 이름이 지어졌다.

방법

개의 등에 두 손을 5cm에서 10cm 간격을 두고 놓는다.
충분한 압력만 이용해 피부를 움직이고 부드럽게 두 손
을 함께 밀고(서로를 향해), 잠시 멈추고 당신이 시작했던
위치로 돌아가 풀어 준다. 편안함을 증가시키기 위해
서는 이전에 손을 함께 모았던 것보다 두 배 더 길게 이
완을 시킨다는 것을 명심한다. 개 등의 각각 다른 부분
에 인치웜을 반복하고 더 편안하도록 숨을 깊게 쉬어야
한다: 손을 모을 때 들이쉬고 잠시 멈추는 동안 내쉬기

시작해서 이완 도중에 내쉬는 것을 끝낸다.

사진 설명

1-2
로디지안 리즈백[1]의 등을 만지고 있다. 사진 1은 내 손
들이 부드럽게 개의 등 위에서 놓여 있는 시작 자세를

---

1   Rhodesian Ridgeback, 남아프리카가 원산지인 몸무게 32kg~36.5kg
    의 대형견으로 근육질이며 태국의 타이 리즈백(Thai Ridgeback),
    베트남의 푸콕 리즈백(Phu Quoc Ridgeback)과 함께 등에 털이
    한 줄 정도 반대 방향으로 나 있는 것이 특징인 견종

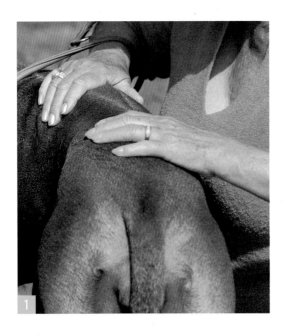

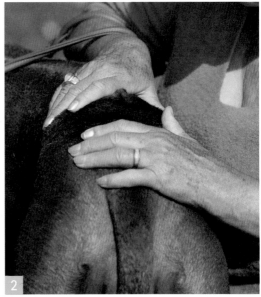

보여 준다―아래쪽으로 어떤 압력도 가하지 않는다. 그 다음 나는 손 밑의 피부를 움직이면서 양손을 서로를 향해 미끄러트린다. 사진 2는 내 양손이 함께 모였을 때 얼마나 가까워지는지 보여 준다―당신은 개의 피부가 손 사이에서 접히는 것을 볼 수 있다.

3-6

이 테리어는 편안하게 있다―그리고 등에 인치웜을 받

는 것을 즐기고 있다. 나는 목부터 시작해서 꼬리 근처에서 끝내 개의 골격에 새롭고 즐거운 기분을 준다. 당신의 손과 팔을 개의 몸에 기대서 무게가 전해지지 않도록 하는 것이 중요하다―아래로 내려가는 압력이 없어야 한다. 인치웜 티터치에 시간을 들이면 그것은 개가 가장 좋아하는 것이 될 것이다.

벨리 리프트(Belly Lift)

벨리 리프트는 개의 복부근육을 편안하게 해 주도록 돕는데, 이는 경련이 나아지도록 돕고 호흡을 더 깊이 하도록 장려한다. 과잉 행동을 하고 두려워하고 공격적이고 불안해하거나 임신했거나 또는 소화불량으로 고통받고 다리에 관절염, 허리의 문제와 일어서는 것이 어려운 개들에게 특히 유용하다. 주의해야 할 점은 디스크 문제가 있는 개에게는 벨리 리프트를 하지 않아야 한다는 것이다.

방법

벨리 리프트는 손으로, 타월로 또는 사진에서 보여 주 듯 탄력 붕대 같은 다양한 방법으로 할 수 있다. 어떠한 방식을 사용하든, 천천히 하는 것이 중요하다.

예를 들어, 당신은 부드럽게 지지해 주고—잠깐 멈추고—개의 복부 밑을 파이선 티터치를 할 때처럼 같은 기술로 아래로 내린다. 당신이 들어 올리면서 숨을 들이쉬거나 내쉬었다가 잠시 멈춘 후 시작 지점으로 돌아오면서 천천히 내쉰다. 만약 붕대를 사용하면 붕대가 개의 배 아래로 느슨하게 내려오도록 아래로 계속 풀어 준다. 천천히 풀어 주는 것은 원하는 효과를 얻는 데 매우 중요하고 개가 가장 좋아하는 부분이 될 것이다. 앞꿈치 바로 뒤의 배부터 시작하고 각각의 추가적인 벨리 리프트를 하며 뒷다리와 엉덩이를 향해 움직인다. 이것을 하는 동안 당신의 몸을 부드럽고 편안하게 유지하는 것이 벨리 리프트의 질을 높일 것이다.

사진 설명

1-2. 당신의 손으로

왼손은 복부 아래에, 오른손은 당신의 개의 등에 놓는다. 왼손으로 척추 쪽으로 압력을 가하지만 개가 편안하게 느낄 정도만 가한다. 이 자세를 유지하고 그 다음 천천히 접촉을 느슨하게 한다. 천천히 느슨하게 하는 것이 가장 중요한 부분임을 기억하도록 한다.

3-4. 탄력 붕대로

나는 랩 하나를 이용해서 시범을 보이고 있다. 리즈백의 자세는 개가 자신이 없다는 것을 보여 준다. 나는 가슴에서 시작해서 붕대를 앞다리 사이에 집어넣어 그것이 개의 오른쪽 어깨 앞에 그리고 개의 왼쪽에 어깨 뒤로 자리하도록 했다. 사진 4는 개가 편안하게 느끼기 시작했음을 보여 준다—그녀는 머리를 낮추고 꼬리는 긴장을 풀기 시작했다.

사례

벨지안 셰퍼드 쇼니, 약 5살, 약한 엉덩이

내 여동생 로빈의 개, 쇼니는 엉덩이가 약하고 매우 곧은 뒷다리를 가졌는데, 그것이 그 개가 바닥에서 일어서는 데 어려움을 겪게 만들었다. 엑스레이는 그 개의 관절에 칼슘 침전물이 있다는 것을 보여 주었다. 통증을 최소화하기 위해서 쇼니는 자기 뒷다리에 체중이 실리는 것을 피했었고 그 결과 등이 경직되었다. 로빈은 개가 이러한 근육들이 이완될 수 있도록 정기적으로 쇼니의 뒷다리에 타월로 들어 올리기를 해 주었다. 그녀는 뒷다리 사이에서 타월을 잡아당겨서 개의 엉덩이에 체중이 실리지 않게 했다-벨리 리프트에서 하는 것처럼. 로빈은 양쪽을 다 치료했고 근육을 이완시키고 통증을 경감시킬 수 있었다. 물론, 이 티터치는 수의학 치료를 대체하는 것은 아니지만, 당신의 개를 도와주고 통증을 감소시킬 수 있게 하는 방법이다.

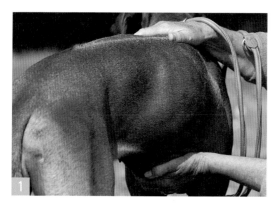

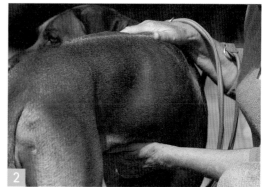

마우스 티터치(Mouth TTouch)

입에 하는 티터치는 신뢰감과 집중력, 그리고 놀랄만한 학습 의지를 발달시킨다. 이것은 티터치하는 데 매우 중요한 부위인데 이 이유는 변연계—감정을 조절하는 뇌의 영역—와 연결되어 있기 때문이다. 모든 개들에게 훌륭한 방법이지만, 집중하지 못하고 부주의하고 파잉 행동을 하고 만성적으로 짖어대거나 빈힝히는 개들의 데도의 행동을 비꿀 수 있다. 이는 양치질, 수의 검진, 그리고 심사위원들의 구강 검사¹를 받아들여야 하는 쇼 독(show dog)들에게 좋은 준비가 될 것이다. 이는 공격적인 개들의 행동을 바꾸는 것에 매우 효과적이나, 그러한 개들을 다룰 때에는 반드시 경험 있는 개 훈련사나 공격적인 동물을 다루는 티터치 플랙티셔너가 진행해야 한다.

---

1 Dog Show에서 건강한 개의 보존을 위해 치열과 결치 등 구강을 확인하는 심사의 한 과정

방법

처음에는 라잉 레오파드 티터치를 목과 머리에 시작하고 그 다음 입술의 바깥쪽으로 움직인다. 개가 당신의 다른 손에 턱을 맡기면 손가락을 입술 아래로 밀어 넣어 부드러운 라쿤 티터치를 잇몸에 실행한다. 만약 개가 가만있지 못하거나 저항하면 당신은 몸으로 돌아가 어깨부터 꼬리까지 티터치를 행함으로써 신뢰 관계를 발전시키고 그 이후 머리로 돌아가도록 한다. 마우스 티터치는 참을성과 인내심를 갖게 하고 성공을 위해 몇 회는 해야겠지만 결과는 노력해 볼 만한 가치가 있다.

사진 설명

1-2. 눕기

부드러운 라잉 티터치를 머즐에 시작한다. 개가 입을 부드럽게 들어 올리는 것을 편안해 하면 가벼운 라쿤 티터치를 잇몸에 해 준다. 손을 부드럽게 유지하고 진행하기 전에 개가 편안한지 확인한다.

3-4. 앉기

때로는 개가 앉아 있는 자세에서 시작하는 것이 더 쉽다. 다른 손은 라잉 레오파드 티터치를 입 바깥쪽에 하는 동안 내 왼손이 얼마나 턱을 지지할 수 있는지 주목한다. 그것이 받아들여지면 부드러운 라쿤 티터치를 코 위에 행하고 잇몸 안쪽을 티터치하기 위해 입술을 들어 올린다. 침착하고 개가 받아들이는 것에 따라 차근차근 진행한다. 당신이 부드럽게 입술을 다른 손의 손가락으로 들어 올리는 동안 또 개의 턱에 펼친 손을 빼고 팔은 가볍게 목을 고정시킬 수 있다.

만약 개가 입을 만지는 것을 불안해하면 무엇을 해야 하는가?

만약 당신이 마우스 티터치를 시작할 때 개가 가만있지 못하면 치아와 잇몸을 확인하도록 한다. 개가 플라크가 있을 때(치아 위의 갈색 얼룩) 또는 잇몸에 붉은 염증이 있으면 동물병원에 데려간다. 만약 잇몸과 치아가 건강해 보이면 입이 건조한지 확인한다. 그렇다면, 손가락을 적셔서 다시 시도한다. 마우스 티터치는 당신이 개의 입과 잇몸을 정기적으로 확인할 좋은 기회가 된다.

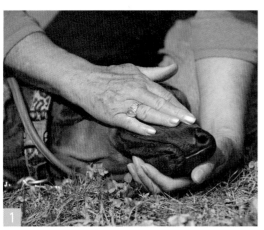

진정, 집중시키고 고통을 감소시키고 쇼크를 예방한다

이어 티터치(Ear TTouch)

이어 티터치는 가장 효과적인 티터치 중 하나로 흥분했거나 과잉 행동을 하는 개들을 진정시키기 위한, 너무 차분하거나 무기력한 개를 활성화시키는 가장 효과적인 방법이다. 수천 개의 사례에서 쇼크를 예방하고 부상 이후에 쇼크를 줄이기 위해 이 방법이 사용되고 있다. 이어 티터치는 모든 형태의 소화 장애를 보조하는 훌륭한 방법이 될 수 있으며—구토, 변비 또는 설사—항상 수의사 처방과 함께 해야 한다. 이어 디디치는 감정에 영향을 미치는 변연계를 활성화한다. 또한 그것은 중요한 모든 신체적 기능에 영향을 미치고 면역계 균형을 보이며 몸의 자가 치유 능력을 지원해 준다.

방법

한 손으로 개의 머리를 고정시킨다. 다른 손의 엄지와 손가락들은 다른 쪽 귀를 잡아 엄지가 위에 있게 한다. 다른 귀를 쓰다듬고 싶으면 손을 바꾸도록 한다. 부드럽게 엄지로 머리 중앙부터 귀 뿌리 그리고 전체 귀 끝까지 쓰다듬는다. 다른 부위를 각각의 미끄러짐으로 다루어 당신이 귀의 구석구석을 만지도록 한다. 귀에 모발이 많은 개들의 경우, 부드럽게 귀를 들어 올려 귀가 지면과 수평이 되게 한다. 위로 솟은 귀는 위쪽으로 해 준다.

   침술의 효능에 대한 연구들은 귀를 마사지하는 것이 몸 전체에 영향을 미친다는 것을 보여 준다: 트리플 히터 메리디안[1]은 귀의 아래를 따라 흐르며 호흡, 소화 그리고 번식에 영향을 미친다.

사진 설명

1-3. 슬라이드

귀에 모발이 많은 개의 긴장을 풀어 주려면 머리 중앙부터 슬라이드를 시작해서, 귀 뿌리부터 끝까지 옆으로 움직인다. 이것을 매우 부드럽게 엄지와 손가락들 사이에서 실행한다. 당신의 다른 손으로 개의 머리를 받쳐 준다.

4-5. 써클 티터치들

당신은 엄지를 이용해 귀에 써클 티터치를 할 수도 있다. 귀를 지면과 수평으로 잡고 끝까지 갈 때까지 귀의 가장자리에 써클을 만든다. 그 다음 귀 전체를 평행한 선들을 따라 티터치로 덮는다.

당신의 개의 귀가 무겁고 늘어졌다면 무엇을 해야 하는가?

무겁고 늘어진 귀는 가진 개의 경우, 불편함과 고통을 유발할 수 있기 때문에 이어 슬라이드를 옆으로 하여 귀의 뿌리 부분을 잡아당기지 않게 해야 한다.

---

1   Triple Heater Meridian, 한의학에서 삼초라고 하는데 몸을 3개의 섹션을 나뉘어 상초는 심장과 폐(肺)를, 중초는 비장과 위장·간(肝), 하초는 신장·대장·소장·방광(膀胱) 등의 내장을 포괄하고 삼초는 여러 기(氣)가 중심적으로 작용하는 곳으로 인체의 기화 작용을 종합·통제하는 곳이며 또한 원기(元氣)와 내분비물이 운송되는 길이고 역할은 이 세 지역의 에너지 흐름을 조절하는 것

 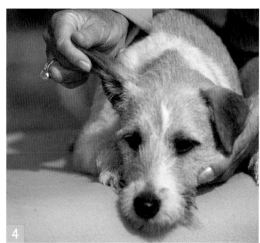

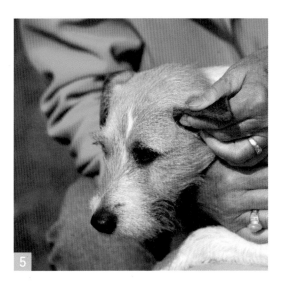 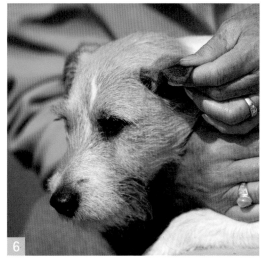

앞다리로 레그 써클하기
(Leg Circles with the Front Legs)

앞발을 회전시키는 것은 개의 정신적, 신체적 그리고 감정적 균형을 향상시킨다. 이 동작은 목과 어깨의 긴장된 근육을 풀어 주고 개에게 사람과 연결되는 것에 대해 더 안정감을 준다. 이는 경쟁이나 일하는 개[1]뿐만 아니라, 수줍어하고; 큰 소음에, 다른 개들에게 또는 낯선 사람들에게 반응 행동을 하고; 새로운 환경에 불안해하고; 또는 미끄러운 표면을 걷는 것을 조심스러워 하는 개들의 걸음걸이와 보폭을 향상시키는 데 유용하다.

---

1 working dog, 사역견, 작업견이라고 불리고 작업, 노동의 내용과 목적에 따라 안내견, 구조견, 경비견과 경찰견 등 세분화할 수 있고 반려견과는 구분

방법

당신은 서 있거나 앉아 있거나 누워 있는 개의 앞다리를 회전시킬 수 있다.

억지로 움직임이지 않는다. 당신은 저항 없이 다리를 들어 올릴 수 있기를 원한다. 만약 그것이 어려우면 자세를 바꾼다. 어떤 것이든 가장 쉬운 자세로 시작한다. 이는 다리를 늘리지 않고 긴장을 완화하여 균형을 향상시키기 위한 것이다. 동작의 범위를 작은 회전들로 시험해 본다. 만약 개가 다리를 잡아당기려 하면, 발을 다리쪽으로 접거나 부드럽게 다리를 개가 끌어당기는 방향으로 움직인다.

당신은 한쪽 다리를 다른 한쪽보다 더 쉽게 움직일 수 있다는 것을 확인할 수도 있다. 그러한 차이는 긴장, 균형 부족 또는 오래된 부상으로부터 기인할 수 있으며 당신은 다른 티터치를 다리나 어깨에 행하여 이를 개선할 수 있다.

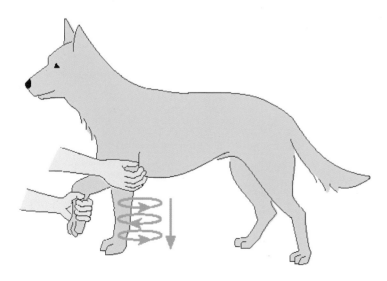

사진 설명

1-2. 서기

한 손으로 개의 앞꿈치에 그리고 다른 손으로 가볍게 뒷무릎 관절 아래를 잡으며 개를 지지해 준다. 앞꿈치를 받치며 다리를 앞으로 그리고 어깨를 다른 손으로 부드럽게 인도하며 뒤로 움직인다. 지면 쪽으로 회전하기 위해 시작하면서 개가 균형을 잡도록 손으로 개의 발을 잡고 어깨를 받쳐 준다. 최대한의 움직임을 달성하려고 다리를 밀거나 스트레칭하는 것은 피한다.

3. 앉기

개가 앉아 있을 때에도 당신은 똑같은 움직임을 적용할 수 있다. 나는 반대쪽 어깨를 왼손으로 받쳐 주고 있다.

개가 다리의 긴장을 풀지 않는 경우 무엇을 해야 하는가?

개가 발이 만져지거나 발톱을 깎는 것에 예민하면 초반에는 회전을 저항할 수 있다. 무릎에서 발까지 파이션 티터치들로 시작하고 라쿤 티터치들을 발바닥에 실행한다. 여기 그림과 사진에서 보이듯이 당신의 다른 손을 무릎이나 어깨에 두어 몸을 받쳐 준다. 침착하게 당신의 호흡과 자세에 집중하여 편안하게 유지한다.

4. 눕기

또한 다리 회전은 옆으로 누운 편안한 개에게 실행할 수 있다. 어깨를 당신의 다른 손으로 받쳐 준다.

뒷다리로 레그 써클하기 (Leg Circles with the Hind Legs)

뒷다리 레그 써클로 당신은 개의 자신감을 증가시킬 수 있다. 관절가동범위[1]와 움직임의 자유로움은 개에게 몸을 사용하는 새로운 방법들을 가르치게 된다. 일을 하고 스포츠하는 개들은 몸에 대해 더 지각하고 이를 더 효율적으로 사용하게 된다. 또한 뒷다리 레그 써클은 뒤쪽으로 향하는 모든 근육들을 이완시키는데, 이는 긴장하거나 불안해하는 개들, 그리고 큰소리를 무서워하는 개들이 진정하도록 돕는다. 뒤쪽 레그 써클을 노령견이나 관절염 또는 고관절 이형성증을 앓고 있는 개에게 하지 않는다.

---

1 range of motion, 의학, 운동학 용어로 ROM이나 관절가동범위라고 하고 관절의 구부림이나 펴지는 움직임의 범위 또는 그것을 수치화한 것이고 통증, 붓기나 뻣뻣함이 있는 경우 이것을 풀어 주어 가동범위를 부드럽게 늘리는 것이 필요함

방법

이 회전들은 앉거나 누워서 실행할 수 있다. 서 있는 것은 균형을 향상시키는 데 가장 유용하고, 눕는 것은 관절가동범위를 증가하는 데 유용하다. 소형 또는 중형견에게 하는 경우, 테이블에 올리는 것이 더 수월하다. 서 있는 자세에서, 큰 개의 뒷다리 무릎관절을 한 손으로 그리고 비절[1] 아래에서 들어 올리는 손을 받친다. 만약 개가 균형을 잘 잡으면 당신은 받치는 손을 가슴에 놓을 수도 있다. 개가 가장 균형 잡기 좋은 위치에서 그리고 앞뒤 양방향으로 쉬운 움직임을 하도록 한다.

---

1 hock, 동물의 뒷다리 가운데 부분 관절

사진 설명

1-4. 눕기

한 손으로 뒷무릎 관절을 그리고 다른 손으로 비절에 두고 엉덩이부터 발까지의 다리 전체를 들어 올리며 부드러운 회전들로 움직여 준다. 다리의 긴장이 완화되면, 발을 받쳐주기 위해 당신의 손은 비절 아래로 미끄러져간다. 개는 다리를 뒤로 뻗었을 때 테리어처럼 편안하게 가만히 있어야 한다. 사진 4에서 뒷다리 관절은 양방향으로 회전되는 것이다.

5. 서기

개를 위해 균형잡기 쉽고 당신이 저항을 느끼지 않을 수 있는 충분히 작은 원들을 그리도록 한다. 회전들은 둥글고 움직임은 유동적이어야 한다. 소형견인 경우, 한 손을 가슴 위에 놓고 균형을 유지하도록 도와줄 수 있다. 더 큰 개인 경우, 가슴 밑을 받쳐 주면 더 효과적일 수 있다.

개가 다리를 절거나 한 다리에만 집착을 보일 때에는 어떻게 해야 하는가?

매우 작은 움직임으로 하는 조심스러운 레그 써클은, 누운 자세로 행하는, 수술 후 다리를 회복하는 데 도움이 될 수 있다. 심지어 부상이 완치된 후에도 고통의 기억이 남아 발을 보호하는 것이 습관으로 변할 수 있다. 먼저 더 안정된 다리에, 부드러운 회전들은 자신감을 가져올 수 있고 다리의 사용을 회복할 수 있다.

79

발에 티터치하기
(TTouches on the Paws)

이러한 티터치들은 다음과 같은 개들에게 유용하다:
- 두려워하고 공격적이고 지면에 못 버티고 과잉 행동하는 경우
- 소리에 민감한 경우 - 특히 천둥
- 발이 만져지는 것을 불편해하는 경우
- 발톱 깎는 것에 저항하는 경우
- 미끄러운 바닥과 같이, '익숙하지 않은' 표면을 걷는 것을 두려워하는 경우

방법

당신의 개는 앉거나 눕거나 설 수 있다. 개가 가장 편안하게 느끼는 티터치를 하도록 한다. 다리 위쪽부터 시작해서 클라우디드 레오파드 티터치를 맨 아래 발까지 실행한다. 만약 개가 다리나 발이 만져지는 것을 걱정하면 하고 있는 티터치를 바꾸거나 개가 신뢰하고 자신감을 느끼던 부위로 돌아간다. 짧은 휴식은 개가 특히 저항할 때 유용할 수 있다. 부드러운 라잉 레오파드 티터치를 한 발에, 전체에 걸쳐 하고, 만약 개가 발바닥 사이를 간지러워 하면 이러한 부분에 오랑우탄 티터치로 압력을 덜 주면서 실행한다(p.53). 만약 발바닥 사이 모발이 길면, 더욱 간지러워 할 수 있으므로, 발톱을 깎기 전에 먼저 모발을 다듬는다.

사진 설명

1-4. 다리부터 발까지

발에 도달할 때까지 연결된 티터치들을 다리부터 시작한다.

5-6. 발

내가 연결된 클라우디드 레오파드 티터치들을 개의 발에 하는 동안 잭 러셀의 옆구리가 편안해진다. 개가 발티터치를 받는 동안 편안한 상태에 있으면, 발톱을 깎는 것은 쉬운 일이 된다!

당신이 발에 가까이 갔을 때 개가 발을 뺄 때에는 무엇을 해야 하는가?

부드러운 양가죽 조각을 이용하고 부드러운 쪽으로 연결된 티터치를 해서 다리를 타고 내려간다: 당신은 깃털이나 붓을 이용해 다른 질감을 더할 수도 있다. 다음 단계는 개의 발을 다른 발로 만지는 것이다(p.82). 당신은 더 즐거운 경험으로 만들어 주는 간식을 개에게 줄 수도 있다.

발로 티터치하기
(TTouches with the Paws)

개가 자신의 발로 티터치하는 것은 처음 보기에 이상해 보일 수 있는데, 특히 발이 닿을 수 있는 몸의 부분이 많지 않으니까 더욱 그렇다. 하지만 이 신체활동의 목표는 발의 민감성을 풀이고 개가 안전하다고 느껴 당신이 정기적으로 발에 실행하는 것이 쉬워질 것이다. 시도해 보면 결과에 놀랄 것이다.

방법

다리에 티터치하기

나는 개의 왼쪽 발을 오른쪽 다리에 놓고 다리에 발로 몇 개의 원을 그리고 있다. 개를 위해 개의 다리가 편안하게 유지되고 관절을 보호하기 위해 자유로운 상태인 것이 중요하다. 나는 개가 편안한 상태에서 티터치하는 발로 다리를 내려가는 것을 보여 주고 있고 개는 편안하게 집중하고 있다.

발톱 깎기(Toenail Trimming)

만약 개가 일상생활에서 발톱을 갈지 않으면 그것을 정기적으로 깎는 것은 매우 중요하다. 너무 긴 발톱은 개의 자세에 나쁜 영향을 미친다: 발 전체에 체중을 싣는 대신에 체중이 발바닥 뒤쪽으로 이동하게 된다. 이 비정상적인 자세는 몸 전체에 결림과 긴장으로 이어질 수 있다.

방법

몇 가지 예외들이 있지만, 발톱들은 충분히 짧아야 딱딱한 바닥에 부딪치는 소리를 내지 않는다. 하지만 발톱을 너무 짧게 자르지 않도록 조심해야 한다. 까다로운 개의 경우 다른 사람의 도움이 필요할 수도 있다. 한번에 몇 개만 자르고 개에게 잠깐 쉬는 시간을 준다. 많은 개들이 전동 발톱 다듬기보다 발톱깎이에 더 저항감을 보이며 앞발을 뒤로 접은 상태로 서 있는 자세를 더 편안하게 느낀다. 개가 서 있는 것, 앉아 있는 것 또는 누운 것 중 어느 것이든 더 편안한 것을 선택하도록 한다.

사진 설명

1. 발톱깎이로 티터치하기
개가 발톱깎이에 익숙해지고 당신을 믿게 하기 위해서 도구를 이용해 개의 다리에 써클 티터치들을 실행한다.

2. 자르기
발톱을 자를 때 조심하는 것이 중요하다: 발톱깎이를 사용하는 동안 발톱을 자르지 않는 손이 발을 너무 세게 누르지 않도록 주의한다.

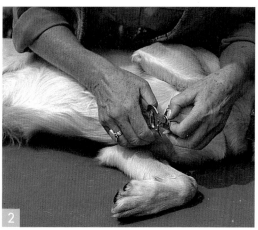

테일 티터치(Tail TTouch)

테일 워크[1]와 테일 티터치로, 당신은 개가 공포와 수줍음을 극복하도록 도울 수 있다(천둥이나 불꽃놀이 같은 큰 소리를 무서워하는 것을 포함해서). 또한 이것은 개가 다른 개들 근처에서 반응 행동을 할 때 도움이 될 수 있다. 그리고 수의과적인 관리에서, 테일 티터치는 부상이나 수술 후 고통을 완화시키고 회복을 촉진시킬 수 있다.

---

1 Tail Work, 꼬리에 해 주거나, 꼬리로 할 수 있는 다양한 작업

방법

개가 꼬리를 움직이는 방법은 다양한 의미들을 가진다. 만약 꼬리를 편안하게 흔들면, 그 개는 진정된 것이다. 긴장하고 과잉 행동을 하거나 불안정한 개들은 꼬리를 계속해서 그리고 빠르게 흔들 것이다. 개의 꼬리가 곧게 고정되고 정지해서 높은 위치에 있으면 우월감이나 공격성을 나타내는 것이고 반면에 꼬리를 다리 사이로 두면 공포나 복종을 나타내는 것이다. 꼬리의 위치가 어디이든, 당신이 이것를 바꿈으로써 개의 행동에 영향을 줄 수 있다.

라잉 레오파드 티터치를 꼬리 뿌리 부분에서 시작한다; 이어서 라쿤 티터치나 헤어 슬라이드로 개를 편안하게 하고 신뢰를 쌓도록 꼬리 전체에 행한다. 개의 꼬리가 경직되어 있으면 꼬리로 다리 안쪽에 티터치를 하거나, 개가 손에 잡혔다는 느낌을 갖지 않도록 꼬리 아래쪽을 손등으로 쓸어 준다.

꼬리를 회전하는 것은 뿌리 부분의 긴장을 푸는 데 도움이 된다. 세게 잡지 말고 부드럽고 가볍게 편 손으로 꼬리의 뿌리를 가깝게 잡는다. 당신의 다른 손은 편안한 곳(배 아래나 가슴에)에서 몸을 받쳐 준다. 양방향으로 가는 작은 회전들로 부드럽게 꼬리를 이끌어 준다.

꼬리 뿌리 부분을 잡고 부드럽고 천천히 늘려 준 뒤, 멈추고 더 천천히 이완시켜 준다. 또한 당신은 꼬리를 이완시키면서 손으로 쓸어내릴 수 있다. 호흡을 점검하면서, 당길 때 숨을 들이쉬고 풀어 줄 때 내쉬도록 한다.

사진 설명

1. 먼저

니나는 불안정해서 꼬리를 다리 사이로 넣는다. 나는 개의 신뢰를 얻기 위해 트로이카 티터치를 허벅지와 엉덩이에 시작한다.

2-4. 꼬리 움직임 바꾸기

나는 개를 고정시키기 위해 오른손을 사용하고 왼손은 꼬리가 꽉 조여진 위치로부터 자유롭게 해 주기 위해 사용하고 있다. 나는 개의 자세를 바꾸기 위해 꼬리를 조심스럽게 들어 올리고 이후 손을 꼬리 더 아래로 미끄러지며 부드럽게 올렸다 내렸다 하며 움직였다. 나중에 나는 꼬리를 양방향으로 회전하며 움직일 것이다.

5. 꼬리 스트레칭하기

나는 꼬리를 가볍게 따라가서 잡고 천천히 놓아 주어 척추를 이완시키고 개에게 몸의 새로운 느낌을 준다. 니나의 꼬리는 이제 이완되었고 그 개의 움직임에 따라 자유롭게 흔들린다.

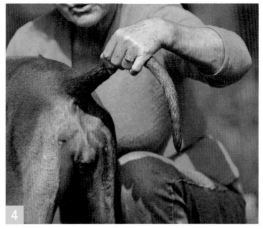

텔링턴 티터치 트레이닝 장비 (Tellington TTouch Training Equipment)

우리는 개가 균형을 찾는 데 특별한 장비를 사용한다—단순히 신체적 균형뿐만 아니라 정신적이고 감정적인 부분까지. 의 세계에서 매년 새로운 장비들이 개발되고 우리는 끊임없이 개와 보호자를 위한 최고의 해결책들을 찾고 있다. 당신은 음 페이지들에서 그것들의 사용에 대한 설명과 제안을 보게 될 것이다.

우리는 왜 이러한 장비를 사용하는가?

개가 리드줄을 당기지 않고 걷도록 가르치는 것은 개와 보호자의 균형 문제이다. 많은 행동적, 신체적 문제들은 리드줄을 당기기 때문에 생겨나고, 보호소의 많은 개들이 이 행동 때문에 입양되지 못한다.

개가 리드줄을 당기지 않고 균형 있게 걷도록 가르치는 텔링턴 메소드는 매우 효과적이다. 특별한 리드줄과 결합하면 개가 힘이나 지배 없이 균형 있게 걷도록 가르치는 데 놀랍게도 적은 시간이 걸린다.

당신의 개가 균형을 잡다

줄을 잡아당기는 것은 많은 개 보호자들이 무시하는 흔한 문제인데 왜냐하면 그들은 무엇을 해야 하는지 모르고 목과 등의 척추 뼈 그리고 발목, 어깨, 엉덩이와 무릎에 가해지는 압력이 신체적 손상의 원인이 될 수 있다는 것을 깨닫지 못해서이다.

우리는 개들이 균형을 찾도록 하여 잡아당김을 멈추게 하는 다양한 도구들을 가지고 있다:

- 하네스(Harness): 티터치 하네스(TTouch Harness), 프리덤 하네스(Freedom Harness)
- 밸런스 리쉬(Balance Leash)
- 밸런스 리쉬 플러스(Balance Leash Plus)
- 수퍼 밸런스 리쉬(Super Balance Leash)

플레이그라운드 포 하이어 러닝의 다양한 장애물 훈련은 개들이 본능적인 행동을 이겨내서 새로운 환경을 더욱 받아들일 수 있게 만들어 준다. 과잉 행동을 하는 개들은 지면에 더욱 지지하게 될 것이다: 수줍어하거나 무서워하는 개들은 자신감을 개발하고 반응 행동하는 개들은 자기 조절능력과 반응 행동보다 생각하는 것을 배우고 사람들과 다른 개들과 협력하는 태도와 유대감 형성의 결과가 나타난다.

이렇게 힘이 세고 리드줄에 온 힘을 다해 당기는 개는 앞다리와 뒷다리 관절에 스트레스를 줄 뿐만 아니라 목 척추에 극심한 압력이 가해진다. 그리고 호흡도 저하될 것이다.

이것은 밸런스 리쉬 플러스인데, 당신이 빨리 개를 균형 잡게 되돌려 주어 당기는 것을 멈추게 해 준다.

하네스는 개를 똑바로 유지하게 도와준다-그리고 돌고, 앞다리를 들어서 서거나, 뒷걸음치는 것이 멈추게 된다.

리드줄에 지속적인 압력이 있으면 개들은 더 잡아당긴다. 그리고 이것은 리드줄의 끝에 있는 사람에게 부상을 입힐 수도 있다. 소형견이 잡아당기면, 그러한 것들은 종종 무시되는데 그 이유는 개가 대부분의 사람들을 귀찮게 할 만큼 매우 강하지 않기 때문이다. 하지만 그 개의 몸에는 대형견들이 느끼는 것만큼 많은 스트레스를 받는다.

개가 균형을 찾도록 돕고 싶으면 밸런스 리쉬, 밸런스 리쉬 플러스 또는 하네스를 사용한다-리드줄은 양손으로 잡는다.

텔링턴 장비는 원하지 않는 행동을 바꾸기 위한 다수의 다른 옵션들을 가지고 있는데, 예를 들면 헤드 홀터를 납작한 일반 목줄이나 하네스 또는 바디 랩, 썬더셔츠, 티셔츠 그리고 계속되는 페이지에서 자세히 설명할 더 많은 것들과 조합하는 것이다. 우리는 전통적인 개 훈련에서 사용하지 않는 뻣뻣한 말채찍, 완드를 사용하기도 한다(p.5). 당신은 긴장한 개를 완드로 전체적으로 만지면서 진정시킬 수 있다. 개의 다리를 쓰다듬으면서 진정시키고 그에게 집중한다. 우리는 완드 사용을 말의 경험에서 채택했다-이것은 많은 상황에 매우 유용하다. 앞의 단원에서 언급했듯이, 당신의 손으로 만지는 것을 받아들이지 않는 개들은 종종 손 대신 완드로 쓰나듬으면 훨씬 더 순응한다. 게다가 당신이 완드를 사용해서 팔을 뻗어 방향을 보여 주면 개를 리드하는 것이 더 쉬워진다.

장비

이 목록은 특별한 텔링턴 티터치 트레이닝 장비들이다:

- **플랫 칼라(Flat collar)** : 기본적인 텔링턴 티터치 도구로 헤드 홀터와 함께 사용될 수 있다. 우리는 납작한 목줄을 초크 체인(choke chain), **슬립 칼라**(clip collar) 또는 핀치 칼라(pinch collar) 자리에 쓸 수 있다.
- **하네스** : 개를 위한 가슴줄(p.95 그림)
- **스냅이 두 개 달린 리드줄** : 이 리드줄은 1.8에서 2.4 미터는 되어야 하고 스냅[1]이 두 개로, 하나는 강하고 하나는 약하다(p.95 그림). 만약 이중 스냅의 리드줄을 찾기 어려우면, 텔링턴 티터치 사무소에서 주문할 수 있다.
- **바디 랩** : 한 개 또는 두 개의 탄력 있는 붕대로, 5에서 7.5cm의 폭이다. 붕대는 모든 사이즈로 다양하고, 당신의 개에게 적합한 것으로 선택한다(p.98).
- **완드** : 91cm 길이의 뻣뻣한 말채찍으로 완드가 개의 모발에 걸리지 않게 표면이 부드러워야 한다(p.5 사진).

안전 우선

- **골든 룰**[2] : 활동을 짧게 하여 개가 배운 것을 처리할 충분한 시간을 주고 너무 많은 정보의 투입으로 스트레스를 받지 않도록 한다.
- 한 번에 한 단계씩만 진행 : 당신의 기대를 점진적으로 높이도록 한다; 개에게 많은 휴식시간을 준다.
- 플레이그라운드 포 하이어 러닝을 할 때는 개가 천천히 걷도록 하는 것을 기억한다. 학습은 천천히 걷는 것에서 향상된다.
- 더 다양하게 가르칠수록 더 잘 받아들이고 정신적으로 유연해질 수 있는 개로 성장할 것이다. 각 장애물의 방향을 바꿔 보고 개를 양쪽에서 리드한다.
- 칭찬과 함께 관대하게 티디치들을 사용하며, 부드러운 목소리와 때로는 간식 보상[3]도 사용한다.
- 개의 신체 언어와 '카밍 시그널들'을 배운다. 어떤 감정인지 보여 주는 자세와 표현을 보도록 한다.
- 낯설고 두려워하거나 공격적인 개를 다룰 때는 매우 조심해야 한다. 이런 개들을 너무 압박하지 않는다; 그들은 으르렁거리거나 물 수도 있다. 만약 당신이 전문적으로 훈련받지 않았다면 공격적인 개를 다루어서는 안 된다.
- 불안해하거나 공격적인 개들의 눈을 똑바로 쳐다보지 않는다. 많은 개들은 이것을 위협으로 간주한다. 만약 당신이 개에게 인사하거나 홀트나 바디 랩을 해 주고 싶다면 옆쪽에서 다가가는 것이 가장 안전하다.

---

2 Golden Rule, 역지사지 룰이라고 하는데 "남이 너희에게 해 주기를 바라는 그대로 너희도 남에게 해 주어라. 이것이 율법과 예언서의 정신이다."(마태복음 7장12절)

3 treat, 반려동물의 교육이나 훈련 시 요구하는 행동을 하였을 때 칭찬의 의미로 적당한 포상을 하는데 주로 간식이나 장난감을 주어 관심과 흥미를 유발시킴

---

1 snap, 목줄과 연결할 때 거는 리드줄에 달린 고리

프리덤 하네스 – 리드줄을 등 쪽에 있는 하나의 링에 걸거나 앞과 등의 양쪽 링에 걸어서 두 지점에 연결된 손잡이를 잡고 리드할 수 있다.

소형견들이 리드줄을 당기는 것은 종종 무시되기도 하지만 그 개가 줄을 당기면 위험에 처할 수 있다는 것을 기억하는 것이 중요하다. 이 하네스에 연결된 두 지점은 당기는 것을 억제하며 대부분의 경우 하네스는 목줄보다 더 편안하다.

바디 랩은 견제와 지지의 느낌을 준다. 집중력이 없거나 과잉 행동을 하거나 큰 소리를 무서워하는 개들을 진정시키고 수줍어하는 개들에게 자신감을 주고 노령견들에게는 안정감을 준다.

밸런스 리쉬(Balance Leash)

밸런스 리쉬를 하기 위해서는 일반적인 리드줄을 가슴 아래쪽을 지나서 재배치해야 한다. 개의 머리와 나란히 걸으며 당신의 몸은 개 쪽으로 약간 돌려 리드줄을 양손의 엄지와 검지 사이에 두고 잡는다. 개가 잡아당기면 위쪽으로 하는 신호를 사용해 개의 중력 중심을 뒤로 옮기고 접촉을 느슨하게 한다. 이렇게 하면 개는 자신의 네 발에 닿는 균형을 찾게 되고 당신의 신호에 더 잘 반응힐 수 있게 된다.

---

1 lead, 보호자, 핸들러 또는 훈련사 등 사람이 리드줄을 잡고 이끌어 주는 모든 활동

방법

리드줄은 최소 1.8미터가 되어야 한다. 리드줄을 평소처럼 개의 목줄에 걸고, 그 줄을 개의 가슴에 둥그렇게 걸친다. 리드줄의 손잡이를 한 손으로 잡고 끝은 다른 손으로 잡는다(그림 참조). 두 지점의 접촉을 위해 양손을 사용하는 것이 성공의 비결이다. 속도를 줄이거나 멈추려면, 리드줄 위의 손가락으로 두 번 또는 세 번의 미세한,

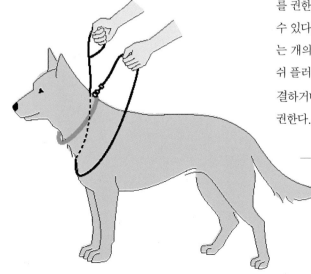

가벼운 "요청하고 해제(ask-and-release)[1]" 동작을 하여 재균형을 잡는다. 당신은 당신의 개가 한쪽으로 치우치지 않고 그 개의 체중이 네 발에 옮겨지기를 원한다. 두 번째 성공의 비결은 목줄과 연결된 리드줄의 끝을 느슨히 유지하는 것이다. 목줄과 연결된 스냅을 확인한다. 이것이 느슨하고 평평하게 누워 있어야 한다.

소형견의 경우 가슴에 리드줄을 유지하는 것이 어려운데 이는 그들이 가슴에 걸친 줄을 밟고 넘어가고, 비틀어 뒤로 빼려는 경향이 있기 때문이다. 이러한 경우에 우리는 그 개들이 당길 때는 하네스나 헤드 홀터를 권한다. 대형 건종들의 경우 이것은 매우 효과적일 수 있다—돌거나 돌진하거나 일어서거나 뒤로 돌아가는 개의 경우를 제외하고 이러한 경우들은 밸런스 리쉬 플러스, 수퍼 밸런스 또는 하네스를 두 지점으로 연결하거나 가슴에 있는 고리에 리드줄을 연결하는 것을 권한다.

---

1 티터치 리딩 트레이닝 중 리드줄을 당기며 가는 개를 차분하게 하거나 원하는 방향으로 리드하기 위한 방법으로 리드줄을 부드럽게 당겨서 신호를 주고 잠깐 멈춘 후 당김을 느슨하게 풀어 주는 방식. 리드줄을 강하고 급하게 당기지 않아야 하며 방향 전환 시에는 보호자의 몸의 방향과 손동작을 같이 활용하는 것도 효과적임. 다른 말로 'take-and-release(p.101)' 'meet and melt'라고도 함

효과적으로 리드하기

밸런스 리쉬 플러스
(Balance Leash Plus)

만약 당신이 납작한 목줄과 일반적인 리드줄만 있는데 개가 고양이나 다른 개를 보고 갑자기 당기기 시작하면 일반적인 목줄과 하네스를 밸런스 리쉬 플러스로 임시로 바꿀 수 있다. 이것은 줄을 당기는 개를 당신이 잡을 수 있게 해 주고 당신과 개가 모두 균형을 다시 찾도록 해 준다.

방법

개의 오른쪽에서, 목줄과 나란히 서서 왼손으로 납작한 목줄에 부착된 스냅 쪽으로 미끄러져 내려간다. 개의 왼쪽 어깨 바로 뒤에서 오른손으로 리드줄의 끝을 잡고 바닥으로 느슨하게 떨어뜨린다. 당신의 개에게 왼쪽 앞발로만 느슨한 부분을 넘어서 걷게 하고 개 흉골에 닿도록 리드줄을 올린다. 리드줄의 끝을 잡고 아래에서 위로 올라와서 목줄 밑으로 통과한다(사진 참조).

개가 당길 때는, 목줄에 부착된 리드줄의 끝을 느슨한 상태로 유지하고 가슴을 가로지르는 리드줄의 부분으로 개가 앞쪽으로 움직이는 것을 잡아야 한다. 그 개의 체중이 발에 실렸을 때 즉시 압력을 풀어 주는 것도 중요하다. 개가 이런 균형을 유지할 수 있도록 도와주기 위해 몇 번 다시 균형을 맞춰야 할 수도 있다. 개에게 복종 명령이 아닌 대화를 한다: 당신은 개가 단지 명령만 따르는 것이 아니라 스스로 자제력을 기르기를 원한다. 어느 정도 연습을 하면 한 손으로 리드줄을 잡을 수 있을 것이다.

참고: 손을 개의 등 위로 해서 유지한다. 개를 앞이나 뒤로 당기지 않는다. 밸런스 리쉬와 밸런스 리쉬 플러스는 단지 임시로 훈련에 사용하는 도구들이고, 장시간

산책할 때는 사용하지 않는다. 산책을 위해, 수퍼 밸런스 리쉬와 하네스를 조합하거나 권장하는 하네스로 바꾼다.

수퍼 밸런스 리쉬
(Super-Balance Leash)

과거 몇 년 동안 우리는 밸런스 리쉬가 스텝-인-하네스[1]와 결합하면 많은 개들에게 효과가 좋다는 것을 확인했다. 이렇게 리드할 기술은 균형과 협력을 향상시키고 당신이 한 손으로 개를 리드하도록 또는 상황이 요구하면 재빨리 두 손으로 바꿔서 리드할 수 있게 해 준다. 리드줄 하나에 두 개의 스냅, 양쪽 끝에 하나씩 있는 것이 제일 효과적이다.

1　Step-In-Harness, 앞의 두 다리를 넣고 등에서 거는 형태의 하네스

방법

이 모형 개는 수퍼 밸런스 리쉬—사진에서 줄무늬 로프—를 위한 최고의 모델이다. 첫 번째 스냅을 개의 어깨 위의 하네스 고리에 연결한다. 더 작은 스냅은 루프를 통과시키거나 가슴 앞쪽의 고리에 연결하고 반대편 어깨에 있는 고리에 연결한다. 성공의 비결은 개를 이끌 때 항상 개의 목과 평행하게 있는 것이다: 만약 개의 어깨 뒤에서 걸으면 개가 더 많이 잡아당기려고 할 것이다.

하네스(Harnesses)

우리가 90년대 초반부터 개에게 티터치를 사용한 후로 하네스의 선택의 폭과 다양성이 매우 증가했다. 이전에는 단지 몇 종류뿐이었고 대부분은 개 등에 리드줄이 부착되어 있어서 개가 당기기 쉬웠다. 하지만 이제, 개를 사랑하는 많은 사람들이 더 새롭게 제공된 하네스를 사용하여 개가 리드줄을 당기는 것을 성공적으로 교정했다. 또 다른 사람들은 개들이 잘 당기지 않는데도 하네스가 개의 목에 압박을 주지 않아서 하네스를 선호한다.

방법

신체적, 정신적, 감정적 균형 사이에 연관성이 있기 때문에 개를 균형 있게 하는 것이 당신의 관심사이다. 이 장의 몇 가지 하네스들은 특히 가슴에 고리가 달린 것들은 개가 당기면 균형이 무너진다. 이것은 개가 잡아당기는 것을 더 어렵게 만들긴 하지만 반응 행동을 하게 하거나 그 개를 두려워하게 만들 수도 있다.

우리가 추천하는 두 개의 하네스는 티터치 하네스와 프리덤 하네스이다. 이 두 가지 하네스는 링이 가슴에 하나 그리고 다른 하나는 어깨 위에 부착되어 있다. 일부 개들은 어깨의 링에 부착된 리드줄만으로 괜찮지만 가슴과 어깨 양쪽 링에 걸은 리드줄이 많은 개들에게 좋다는 것을 확인했다. 이것은 개에게 영향을 주고 명확한 신호를 주는 당신의 능력을 증가시킨다. 리드줄의 고리를 손에 쥐거나 리드줄의 미끄러지는 손잡이를 사용할 수 있다. 두 개의 접촉점이 있는 이 구성은 특히 끌거나 집중하지 않거나 반응 행동하는 개에게 유용하나.

많은 하네스가 개를 더 편안하게 만들기 위해 개들에게 잘 맞도록 개선되었다. 불행히도 모든 개에게 가장 좋은 하네스는 없다. 개의 어깨를 위한 충분한 공간과 팔꿈치 뒤에 약간의 공간이 있는 하네스를 찾도록 한다. 개의 등 위에 있는 고리는 등에서 더 내려가지 않고 어깨 가까이 있어야 한다.

하네스에는 앞쪽과 등에 링이 있어서 리드줄의 스냅 두 개를 등에 모두 걸거나, 하나는 앞쪽에 그리고 다른 하나는 등에 걸어서 손잡이를 잡고 리드할 수 있다.

프리덤 하네스: 마팅게일¹의 부분은 당기는 것을 멈추는 데 도움을 준다.

---

1 martingale, 말의 머리를 들지 않게 조절하기 위해 머리 굴레와 안장까지 가슴으로 연결되는 마구이며 개의 목줄의 한 형태로 목줄과 늘어지는 줄로 된 형태의 목줄을 마팅게일 칼라(martingale collar)라고 하고 사진에서 마팅게일 부분은 가슴과 어깨에 연결된 부분을 말함

티터치 하네스: 하네스의 목 부분에 있는
고리는 하네스가 머리 위로 넘어가지 않
도록 해 준다. 머리 위로 하네스가 넘어가
는 것을 염려하는 개들에게 좋다.

안전과 더 나은 신체 지각을 위해

바디 랩(Body Wrap)

바디 랩은 개의 신체 감각을 향상시키고 움직임과 행동에 더 많은 자신감을 만들어 준다. 큰소리를 무서워하거나 불안해 하고 과잉 행동을 하는 또는 달리는 차에 있으면 공황 상태가 되는 개들에게 특히 효과적이다. 또한 바디 랩은 부상당한 개들이 회복하도록 돕고 늙고 뻣뻣하고 관절염이 있는 개들에게 좋다. 몇 가지 형태의 랩핑이 있다. 당신의 개에게 가장 적합한 바디 랩을 찾도록 실험해 본다.

방법

당신은 약국에서 파는 탄력 붕대(랩)를 사용할 수 있다 (Ace 밴드가 제일 좋다). 붕대를 개의 몸 위에 평평하게 놓아야 하고 장모종인 경우 모발이 헝클어지거나 삐죽삐죽 나오지 않도록 한다. 랩이 너무 느슨하면 효과가 없다; 하지만 당신은 랩을 너무 꽉 조여서 움직임을 제한하는 것은 원하지 않을 것이다. 천둥이나 다른 큰 소리를 무서워하는 개들을 도우려면 랩이 충분히 편안해서 안정감은 주지만, 꽉 조이지 않도록 한다. 만약 개가 불편해 보이면 바디 랩을 풀어 준다.

사진 설명

1. 탄력 붕대

다른 색깔의 붕대들은 개에게 다른 효과가 있을 수 있

다: 빨간색은 활동적으로 만들고 파란색은 진정시키고 그리고 녹색은 활발하게 한다. 에이스[1] 붕대는 여러 색으로 염색이 가능하다.

2. 유아용 안전핀

이 핀들은 사용하기 제일 안전하다—대부분의 약국에서 구매가 가능하다.

3. 헤드 랩

헤드 랩은 헤드 홀터를 씌우기 전 또는 머리에 티터치를 하기 위한 좋은 준비가 된다.

4-5. 하프 랩

하프 랩은 주로 뒷다리와 엉덩이에 랩을 하는 것으로

---

1 Ace, 3M 붕대 브랜드

두려워하는 개들이나 무릎 또는 엉덩이에 문제가 있는 개들에게 사용된다. 붕대의 중앙을 개의 가슴을 가로지르고 끝을 등 위를 가로실러 그리고 배 아래로 간다. 양쪽 끝을 잡고 등으로 올리고 안전핀으로 고정시킨다. 수캐의 경우 랩의 뒷부분을 앞으로 당겨도 된다.

6. 하프 랩-두 번째 버전

이것은 하프 랩의 변형으로 붕대의 1/3 가량을 목의 윗부분에서 시작해서 왼쪽으로 가고 2/3은 오른쪽으로 간다. 양쪽 끝을 앞으로 가져와서 앞다리 사이로 가서 긴 쪽 끝을 배에 한 번 감는다. 안전핀을 붕대 끝을 겹쳐서 고정한다.

안정감과 자신감을 위해

티셔츠(T-Shirt)

만약 당신의 개가 두려워하고 수줍어하거나 반응 행동을 보이거나 또는 지나치게 흥분하고 당신의 삶을 어렵게 만들면 티셔츠가 당신의 문제들에 답을 줄 수 있다. 또한 소리에 민감한 개들, 분리 불안, 차 안에서 가만있지 못하는 개들에게도 유용하다. 이는 통제할 수 없는 짖음과 리드줄 잡아당김에 도움이 되는데, 왜냐하면 티셔츠가 개들에게 자신의 몸을 더 잘 느낄 수 있는 "틀"을 제공하기 때문이다. 시중에 몇 가지 다른 셔츠들이 있다: 지역 반려동물 상점이나 인터넷을 확인해 본다.

방법

당신이 개에게 옷을 입히려면 옆에 서거나 쪼그리고 앉고 보상을 준비한다. 당신이 옷을 입힐 때 개가 번잡하다고 느끼지 않도록 주의한다—개 인형에 연습해서 당신의 움직임을 아래로 할 수 있으면 좋다. 관리 감독 하에 티셔츠를 입히도록 한다. 만약 당신이 사람 티셔츠를 사용한다면, 티셔츠의 가슴 쪽을 개의 등으로 가게 한다.

사진 설명

1-2 티셔츠(T-Shirt)

아동의 티셔츠를 사용하는 것이 가장 쉬운 선택이다. 당신은 개의 크기에 따라 티셔츠로 배를 둘러서 고무밴드나 머리끈으로 조일 수도 있다.

3-4 플리스 셔츠[1]

추울 때는 티셔츠를 플리스 셔츠로 대체해서 개를 따뜻하고 편안하게 할 수도 있다.

---

1 Fleece Shirt, 부드러운 파일을 가진 폴리에스터 소재로 표면의 파일(pile)이 일어나도록 만든 가볍고 따뜻한 직물의 셔츠

사례

로이, 벨지안 셰퍼드

내 여동생, 로빈 후드가 벨지안 셰퍼드인 로이에게 썬더셔츠를 입혔을 때 큰 성공을 거두었다. 로이는 카펫이 바뀐 다음 계단을 오르내리는 것을 거부했다. 그 개는 다른 질감과 색을 두려워했다. 로빈이 말하길, "우리가 계단 카펫을 바꿨더니, 로빈이 오르락내리락하는 것을 극도로 주저했습니다. 그래서 썬더셔츠를 입히고 그 위에 약 20cm의 랩을 덮어서 뒷다리와 엉덩이를 연결시키고 이어 워크를 조금 해 주었더니 걱정을 극복해 낼 수 있었습니다. 나는 이것을 다른 경우에도 반복해야 했는데 예를 들어, 우리가 사무실의 바닥을 바꾸었을 때 매번 그는 자신감을 되찾았고 새로운 바닥들을 걸어 다닐 수 있게 되었습니다."

5-6 썬더셔츠

썬더셔츠는 98퍼센트 면과 2퍼센트 신축 소재로 제작되었다. 몸에 맞추기 쉽고 개에게 편안한 일체감을 주고 그리고 벨크로[1]가 있어 입히기 쉽다. 당신은 티터치 로고가 새겨진 녹색 썬더셔츠를 www.ttouch.com에서 주문할 수 있다. 썬더셔츠는 환불 보증이 된다.

---

1 velcro, 찍찍이라고 하는 직물을 사용한 제품의 여밈 장치로 사용

두 사람이 함께하는 리딩 훈련

저니 오브 더 호밍 피전
(Journey of the Homing Pigeon)[1]

두 사람이 리드하는 것은 개의 학습 능력을 향상시킨다: 뇌의 양쪽이 활성화되고 정보와 안전의 감각을 몸 양쪽에서 받아들이게 된다.

저니 오브 더 호밍 피전은 양쪽에서 동물을 리드하는 기술이다. 나는 이것을 오랫동안 다루기 어려운 말들을 지도하고 통제하는 데 이용해 왔다. 이 방법은 개들에게도 그만큼 효과적이다. 불안해하는 동물들이 자신감을 얻게 되는데 왜냐하면 명확한 방향을 제공받게 되고 몸을 밀고 나가지 못하기 때문이다. 게다가 일부 개들은 양쪽에 사람이 있는 것에 대해 보호받는다고 느낀다. 이렇게 리드하는 자세는 특히 과하게 활동하고 산만한 개들에게 효과적이다.

---

1 전서구의 여행, homing pigeon은 전서구, 통신 비둘기라고도 하는데 방향감각과 귀소본능 등이 뛰어난 통신, 군용 비둘기이며 저니 오브 더 호밍 피전은 핸들러 2인이 하는 리딩 훈련으로 핸들러 간의 의사소통이 매우 중요하고 Bee Line과 Butterfly 등으로 발전

방법

양쪽에서 개를 리드할 때에는 리드줄 두 개, 납작한 목줄, 하네스 그리고 때로 완드가 필요하다. 두 리드줄은 모두 목줄에 부착하고 그중 하나를 하네스에 부착한다. 목줄에 연결한 두 리드줄 사이에는 공간이 있어야 하는데 그렇게 해서 당신이 같은 지점에만 신호를 보내는 것을 막을 수 있다: 이것은 개를 혼란스럽게 할 수 있다. 두 사람은 개의 머리 쪽에서 움직여야 하고 양쪽에 약 91cm 정도 떨어져야 한다. 그들은 신호를 통일해야 한다: 시작, 정지 그리고 회전의 신호를 명확히 전해야 한다.

순조로운 협력을 위해서는 한 사람이 우선적으로 리더가 되어 신호를 주고 다른 사람이 그것을 강화하는 것이 좋다. 대부분 개의 보호자가 리드하는 사람이 되는 것이 좋다; 낯선 두 사람은 개가 그들에게 편안함을 느낄 때에만 리드해야 한다. 다른 개에게 공격적인 개들은 매우 안전하게 호밍 피전으로 통제될 수 있다. 하지만 사람들에게 공격적인 개에게는 추천하지 않는다.

그러한 경우는 긍정 강화를 사용하는 숙련된 개 훈련사에게 맡기거나 또는 공격적인 개들에게 특화된 우리의 반려동물 티터치 프랙티셔너에게 연락한다.

사진 설명

1. 슬라럼

샤브리스(Chablis)는 그의 핸들러들에게 명확한 신체 언어와 정교하게 조정하는 리드줄 핸들링 기술을 사용하라고 도전하면서 슬라럼을 보여 주고 있다. 항상 개의 어깨와 나란히 있는 것은 어려운 일이다—그리고 개의 길에서 비켜서는 것—특히 개가 회전을 할 때 개가 주저하면 개와 덜 친한 사람이 그에게 공간을 더 내주는 것이 도움이 될 수 있다. 콘들은 개 한 마리 정도의 길이로 떨어져 있어야 활동이 어렵지 않다.

2-3. 카발레티

리사와 나는 지아코모(Giacomo)를 카발레티 위로 이끌고 있다. 이 푸들은 납작한 목줄과 하네스를 하고 있고 리드줄들은 하네스에 부착되어 있다. 내가 리더이고 리사가 보조이다. 장애물 중간에 멈추는 것은 개의 신뢰감과 자신감을 강화시킨다.

4. 래더

캐린과 가비는 카브리스를 래더 위로 리드하고 있다. 그 개는 캐린의 개이므로 캐린이 리더가 된다. 이 개는 장애물을 통과해서 걸으며 균형 있게 똑바로 잘 걷고 있

다. 캐린과 가비가 개의 어깨와 나란히 있고 리드줄들은 느슨히 잡고 있다는 것을 명심한다.

5. 철망과 플라스틱 표면

우리는 많은 다양한 표면들을 차례로 놓았다. 실비아(Sylvia)와 나는 이 새로운 장애물들을 지아코모에게 보여 준다. 나는 리드줄을 한 손으로 잡고 있고 완드를 지면에 사용해서 개가 자신이 어디를 가고 있는지 보도록 장려한다.

플레이그라운드 포 하이어 러닝
(Playground for Higher Learning®)

개들은 플레이그라운드 포 하이어 러닝 활동을 좋아한다. 당신은 개가 열정적으로 어질리티 코스, 날아가 뛰어오르기, 터널 통과하기에서 경쟁하는 것 그리고 멋진 시간을 보내는 것을 본 적이 있을 것이다. 텔링턴 메소드에서, 우리는 장애물을 다루지만, 어질리티 경쟁을 위해서가 아니라 지각과 자신감을 기르기 위해서이다. 우리는 개들이 집중하고 듣고 우리의 신호들을 기다리고, 공격성 또는 겁을 극복해 내는 의지를 우리가 길러줄 수 있다는 것을 알게 된다. 당신의 개는 어떻게 생각하고 협력할지 배우게 되는데, 왜냐하면 그 개가 주어진 일에 집중해야 하기 때문이다.

우리는 왜 플레이그라운드 포 하이어 러닝으로 훈련하는가?

개들은 자신의 속도를 배우고 그렇게 하는 도중에 재미를 느끼면서 점점 더 똑똑해지고 다른 환경들을 쉽게 받아들인다. 개가 편안한 분위기에서 새로운 것을 배울 기회가 생기면 그들의 일상생활은 더 쉬워진다.

개들은 장애물 활동과 작은 도전들에 익숙해지는 것을 좋아한다. 당신은 이미 개들이 슬라럼을 얼마나 열정적으로 익히는지 또는 그들이 라비린스를 지나 걸어갈 때 얼마나 집중하는지 핸들러의 말을 주의 깊게 듣고 막대를 밟지 않으려고 하는지 본 적이 있을 것이다.

좁고 낮은 판자 위에서 하는 훈련은 균형, 신체 지각, 집중을 가르쳐주고 새로운 환경들에서 자신감을 갖게 한다. 이것은 개들을 차 안에서 조용하게 해 주고 많은 사람들을 상대하도록 도와준다.

재미있는 것만이 플레이그라운드 포 하이어 러닝의 유일하게 중요한 점은 아니다. 또한 이것은 개의 주의력 집중 시간, 복종 그리고 지능을 향상시킨다. 개가 본능적으로 반응 행동을 하는 대신에 사고하고 협력하는 법을 배우게 될 것이다. 당신은 개가 얼마나 빨리 능력을 향상시키고 어떻게 신체 지각이 변화되는지 알게 될 것이다. 그 개는 곧 더 유연해지고 동작이 부드러워질 것이다.

칭찬

당신의 개에게 언제 성공했는지 알려 주는 것은 매우 중요하다. 올바른 방향으로 개가 조금씩 나아갈 때마다 사랑스러운 목소리로, 티터치들로 또는 음식으로 칭찬해 준다. 이것은 개가 행복하게 되고 동기부여가 될 것이다. 보상을 자주 바꿔 준다: 때때로 좋은 말을 해 주거나, 몇 가지 티터치들로 개를 안정시키고, 당신이 개를 위해 같이 있다는 것을 알려 준다.

음식을 이용할 때에는 조심하도록 한다. 만약 당신이 계속 급여하면 개는 생각하거나 배울 기회를 얻지 못하고 앞으로 올 다음 간식에 대해서만 생각하게 된다.

음식은 부교감신경계[1]를 활성화하고, 도전 또는 회피의 경우 교감신경계[2]를 우선시하도록 돕는다. 이러한 부교감신경계는 입에 음식이 있으면 곧바로 활성화된다. 이 체계는 안정을 책임지고 학습을 보조하는 데 필요하다.

라비린스는 플레이그라운드 포 하이어 러닝에서 특히 중요한 것이고 그 효과는 광범위하게 나타난다. 학습 장애를 가진 어린이들은 라비린스를 지남에 따라 그들의 협력과 움직임의 향상을 보여 준다.

---

1 parasympathetic nervous system, 교감신경계와 함께 자율신경계를 구성하고 우리의 의지와 상관없이 몸의 기능을 조절하는데 부교감신경은 타액분비, 담즙 방출 자극, 방광 수축, 타액 분비를 촉진

2 sympathetic nervous system, 교감신경은 각각의 활동을 억제하고 심장박동, 부신 호르몬 분비 촉진, 기관지 확장, 동공 확장 촉진

마찬가지로, 라비린스 안에서 개나 말을 훈련시키는 것은 이 동물들의 주의와 조화 그리고 협동뿐만 아니라 신체적, 감정적 그리고 정신적 균형의 놀라운 향상을 보여 준다.

개를 나무나 플라스틱 같은 다른 표면들로 이끄는 것은 당신이 개를 금속 격자 판이나 미끄럽고 단단한 나무마루를 걸어야 하는 상황을 위해 훌륭한 예비경험이 될 수 있다.

지면에 폴들, 스타, 카발레티, 보드 워크 그리고 티터-토터는 개의 균형과 협력을 가르치고 배우기에도 재미있다.

장애물들

- **라비린스**의 경우, 좁은 판자나 플라스틱 PVC 파이프가 좋다. 2.4미터에서 3.6미터는 되어야 하고, 2.5cm에서 7.6cm 너비여야 한다. 당신은 더 짧은 길이의 판자(약 91cm 길이)를 사용할 수도 있고 그것들을 조립하거나 연결 장치로 결합할 수도 있다. 이러한 짧은 판자들은 보관하기가 쉽다. 당신은 같은 판자나 파이프를 폴, 스타 그리고 카발레티를 훈련시킬 때에도 사용할 수 있다.
- **보드** : 대략 2.4미터 길이에 30cm 너비 그리고 2.5cm 두께여야 한다. 동그란 나무 블록을 아래에 대면 티터-토터(시소)가 된다. 타이어나 플라스틱 또는 나무 블록을 부착하면, 보드 워크가 된다.
- **플라스틱 시트와 철망 시트** : 이것들은 개에게 다양한 표면을 노출시키는 데 사용된다. 91cm에서 1.82미터가 적절하다.
- **타이어 6개** : 당신은 개가 장애물을 얼마나 잘 다루는지에 따라 타이어들을 서로 가까이 배치하거나 사이에 공간을 둘 수 있다.
- **래더** : 나무나 알루미늄으로 만든 일반적인 사다리를 사용한다.
- **6개의 콘**(원뿔) : 콘들은 개가 지나갈 슬라럼을 만드는 데 사용된다. 불규칙한 패턴 또한 고려해 다양

처음에 낯설고 무서운 보드 워크의 시도를 하는 개들에게 포상으로 작은 간식을 활용하는 것도 도움이 될 수 있다.

성을 만들고 줄을 잡아당기거나 다음에 어디로 가야 할지에 대한 당신의 신호에 집중하지 않는 개들을 돕는다.

새로운 방식으로 개의 몸을 사용하여 집중하고 도전하도록 다른 높이의 폴들이 배열되어 있다. 폴의 중간에 개의 집중을 위해 빨간 부분으로 칠해져 있다.

스타는 폴을 다른 간격으로 배치할 수 있나. 일반적으로 당신은 개의 몸 길이만큼 가장 먼 거리를 원한다.

다른 재료의 매트와 격자 무늬는 당신의 개에게 다른 표면 걷기를 가르칠 때 유용할 수 있다.

안전 수칙

- 모든 상애물들이 안전하게 설치되는 것이 중요하다. 움직이는 부분이 있는지, 끝이 날카롭거나, 쪼개진 부분이 있는지 확인한다.
- 다른 개에게 공격적인 개를 대할 때에는 조심한다. 충분한 거리를 유지한다.
- 다루기 어려운 개는 저니 오브 더 호밍 피전으로 이끌어 준다(다른 사람과 함께). 통제가 쉬워지고 학습도 빨라질 것이다(p.102).

졸리(Jolly)와 나는 래더에서 활동 중이다. 나는 개를 도와주기 위해 동기 부여를 하는 신체 언어를 사용하고 있다.

학습 능력과 주의 집중을 향상시킨다

라비린스(Labyrinth)

개가 라비린스를 통과하도록 리드하는 것은 여러 방면에서 유용하다. 판자나 폴로 만든 경계들은 개가 핸들러에게 집중하도록 하고 리드줄, 목소리 그리고 당신의 신체 언어를 통해서 가장 작은 신호들을 듣는다.

방법

1. 리드하기

이것은 쇼니가 처음으로 홀트를 착용한 것이고 개의 얼굴에 닿는 새로운 감각을 받아들이도록 배워야 했다. 로빈은 그 개에게 다른 생각할 거리를 주기 위해 개를 라비린스를 지나 데리고 간다. 당신은 로빈의 손들을 얼마나 다른 높이에 두는지 볼 수 있다. 양쪽 리드줄은 모두 느슨하고 로빈의 몸은 개를 향해 있다.

2. 돌기

로빈은 자신의 상체를 쇼니 쪽으로 돌려 계속 주시할 수 있게 했다. 그녀는 신체 언어를 사용하면서 리드줄을 잡았다가 느슨하게(take-and-release) 만들어 주는 방법으로 개의 속도에 영향을 주고 있다. 로빈은 쇼니보다 몇 발자국 앞서 있고 그녀의 오른손을 개의 코 앞쪽으로 가져간다. 그녀는 오른손과 몸을 개가 움직이길 원하는 방향으로 돌려서 회전을 보여 준다. 개는 라비린스의 중앙에 있어야 하고 좁다고 느끼지 않아야 한다.

사진 설명

라비린스는 개에게 시각적인 경계를 주어 개가 리드될 때 개의 습관과 행동 패턴을 바꿀 수 있다. 그리고 이것은 개가 새로운 것을 배우는 재미있는 방법이다. 매번 당신은 개를 새로운 패턴의 동작에 노출시키게 되고 개의 학습능력은 향상된다.

1. 두 개가 라비린스를 통과하도록 이끌어질 때 쇼니는 테스(Tess) 쪽으로 돌진한다. 로빈은 홀트를 한 쇼니의 머리를 돌리고 목줄에 부착된 리드줄로 쇼니를 그녀 쪽으로 잡아당긴다.

2. 이번에 로빈은 그녀 자신을 개들 사이에 둔다. 쇼니는 테스를 불안한 듯 바라보고, 돌진할 준비가 되어 있다. 이중 리드줄로 이어진 홀트가 로빈이 쇼니를 통제하도록 돕는다.

3. 몇 번의 연습 후에 나는 테스와 한 쪽에 있고 로빈은 우리를 향해 걸어온다. 로빈과 내가 모두 개 사이에 위치한다는 점을 주목한다.

4. 로빈은 쇼니가 차분하게 있으면 테스의 방향을 보도록 그대로 둔다. 동시에 나는 쇼니를 완드로 쓰다듬어 그 개를 진정시키고 접촉을 시도한다. 테스는 쇼니를 진정시키기 위해 "카밍 시그널"을 사용하여 돕고 있다.

신뢰, 신체적 그리고 감정적 균형을 위해

보드(Boards)

개의 신체적, 감정적인 균형을 맞추는 데 가장 효과적인 장애물 중 하나는 보드이다. 30cm 너비 그리고 3미터 정도 길이의 단단한 세 개의 나무 판자들로 지면에 "V" 또는 "Y"자 모양을 만든다. 이 배열은 개가 편안해 하고 좁은 보드를 걷는 것에 자신 있어 할 때까지 초반에만 사용한다.

방법

1-4. 세 개의 보드들

퀴비베(Quivive)는 보드들의 미끄러운 표면을 걷는 것에 자신이 없다. 그 개는 첫 번째 것을 밟자마자 주저했다. 보드가 "Y" 모양으로 놓여지자 개가 입구를 찾고 장애물의 목적을 이해하는 것이 쉬워졌다. 가비는 양손에 밸런스 리쉬를 잡아서 쉽게 그 개에게 영향을 주었다. 리드줄을 당신의 엄지와 검지 사이로 잡는 것이 중요한데 그렇게 해야 당신이 개에게 가볍고 부드러운 영향을 줄 수 있기 때문이다.

장애물 바로 앞에서 멈추어 개가 생각하고 정신적, 감정적 균형을 찾도록 기회를 준다.

퀴비베는 이 장애물로 몇 가지 인상적인 변화를 만들었는데 마지막 사진에서 당신이 볼 수 있듯이 개가 조용히 서 있다.

당신의 개가 보드에서 뛰어내려 오면 어떻게 해야 하는가?

한 해결방안은 시각적인 장애물을, 예를 들어 밝은 색의 폴들을 보드들 옆에 놓는 것이다. 두 폴들은 "V"모양으로 놓여 있거나 장애물로 가는 길에 복도처럼 놓여 있을 때 유용한 가이드로서 역할을 할 수도 있다. 만약 개가 보드에서 내려오면 침착하게 다시 올려놓고 재시도한다. 천천히 해야 하고 개를 한 번에 한 걸음씩만 옮기며 개의 머리 높이를 유지한다.

개가 재미있도록 한다; 당신의 목소리뿐만 아니라 티터치들로 칭찬해 준다. 만약 개가 수줍어하거나, 겁이 많거나 또는 두려워하면 작은 간식을 챙겨 주지만 보드 위에 놓고 유혹해서는 안 된다.

철망과 플라스틱 표면
(Wire Mesh and Plastic Surfaces)

당신의 개를 철망 스크린 또는 플라스틱 표면 위로 리드하는 것은 어떤 낯설거나 미끄러운 표면에서 당신을 따라가도록 하는 훈련에 좋은 방법이다. 또한 이것은 조심스럽게 걸어야 하는 치료(Therapy)와 수색구조(Search-and-Rescue)를 하는 개들의 훈련에서 두려움 없이 어떠한 표면에서도 걸을 수 있게 해 주는 중요한 훈련이다. 일반적이지 않은 표면인 경우 촘촘한 조직을 이용하거나 창문 망 소재를 사용하여 이것을 틀에 고정시킨다. 어떤 종류이든지 깨지지 않는 단단한 플라스틱이면 얼음 표면을 연습하는 데 사용될 수 있다.

방법

만약 개가 장애물을 걸어가는 데 두려워하고 발에 힘을 주면 나는 다리에 코일드 파이선 티터치를 해 주고 라쿤 티터치를 발바닥과 발에 해 주는 것을 권한다. 당신은 이 방식으로 개의 관심뿐만 아니라 지면과 새로운 관계를 쌓도록 할 수 있다. 개가 불안하면 근육이 경직되어 다리의 순환을 방해한다. 그 개에게 바디 랩을 하는 것은 더 많은 안전과 안정을 줄 수 있다. 당신은 장애물에 음식을 놓아 개에게 동기부여를 할 수 있다. 당신이 개에게 걷도록 하는 표면이 일반적이지 않을수록 모든 새로운 상황들에서 얻는 신뢰와 자신감은 더 커질 것이다.

사진 설명

1. 나는 두꺼운 틀에 부착된 가는 철망 위를 지나며 처음으로 일반적인 리드줄을 제시에게 사용하고 있다. 제시는 천천히 걷고 자신의 발을 조심스럽게 놓고 있다. 나는 목소리로 제시를 격려하고 장애물을 성공적으로 넘는 제시를 칭찬하고 있다.

2. 어린 개들은 양쪽에서 리드해서 장애물을 넘는 것을 훨씬 더 빨리 배운다. 내가 멀리 떨어져서 목줄에 부착된 리드줄과 완드를 이용할 때, 커스틴(Kirsten)은 양손을 사용해서, 목줄과 홀트의 양쪽에 부착된 리드줄로 티렉스(T-Rex)를 리드하고 있다. 리드줄들이 중립적 위치에 있어서 개가 표면을 자유롭게 살펴볼 수 있다.

3. 콜리인 샤브리스는 저니 오브 더 호밍 피전으로 리드되고 있다. 리드줄들은 연결점이 두 개(하네스와 칼라)이다. 이상적으로 리드줄들은 같은 고리에 연결되어 있어서는 안 된다.

4. 안젤리카(Angelika)는 지아코모를 플라스틱 표면을 넘어 철망으로 리드하고 있다. 이것은 꽤 많은 푸들에게 요청되는데 각각의 표면 사이에 더 많은 공간을 확보하면 장애물은 더 쉬워진다.

당신이 플레이그라운드 포 하이어 러닝을 할 수 없으면 무엇을 해야 하는가?

우리가 사용하는 장애물들은 최대한 간단하다. 당신은 집 주변의 물건들로 그것들을 만들 수 있다. 당신에게 이런 특별한 장애물로 하는 전문적인 훈련 코스가 꼭 필요한 것은 아니다. 텔링턴 메소드의 장애물들은 뒷마당이나 차고에 빨리 설치할 수 있다. 당신은 일반적인 큰 플라스틱 판을 이용해 미끄러운 표면을 만들고 그물 창문 망으로 거친 표면을 만들 수도 있다.

나무 주변을 거니는 것, 도로 경계석을 오르내리는 것, 출발해서 언덕 위에서 멈추는 것들을 산책에서 모두 활용하면 플레이그라운드의 몇 가지 혜택을 얻을 수 있다.

자기 확신과 자신감을 위해

티터-토터(Teeter-Totter / See-Saw)

티터-토터는 개의 균형과 발을 내딛는 것에 대한 확신을 향상하는 데 특히 적합한 장애물이다. 개는 예상치 못한 것이 발생하는 어떤 상황에서도 당신을 신뢰하는 법을 배우게 될 것이다. 매우 낮은 티터-토터(10cm)부터 시작하고 판자가 튀는 것을 발로 조절한다.

방법

1. 티터-토터 앞에서 멈추고 가볍게 완드로 판자를 두드려 장애물에 대한 개의 주목을 끌도록 한다. 김리(Gimli)의 머리 옆으로 걷는 조(Jo)의 완드를 김리가 따라가고 있다. 이 티터-토터는 매우 낮아서 개가 장애물을 한 번에 한 단계씩 배울 기회를 주고 튀어 오르는 지점을 알게 해 준다. 판자가 튀어오를 때에도 자신감을 유지해야 하므로 조는 발로 판자의 움직임을 통제해서 개를 돕는다. 나의 DVD 당신 개의 잠재력을 깨우다(Unleash Your Dog's Potential)에서 과정을 볼 수 있다.

2. 김리는 티터-토터에 오를 때는 문제가 없었는데 지금은 착오가 있다. 완드를 사용하는 조는 활동을 끝내기 전에 김리가 보드에서 내리려는 시도를 좌절시킨다. 실수는 조가 너무 뒤에 있었고 김리가 완드를 따르는 것을 잊었기 때문에 실수가 발생했다.

개가 티터-토터에서 뛰어내리려고 하면 무엇을 해야 하는가?

장애물을 단순화한다. 넓은 보드와 더 작은 블록을 이용한다. 개가 천천히 걷도록 격려하기 위해 약간의 음식을 보드에 올려놓는다. 시간을 가지고 천천히 한 단계씩 진행하도록 한다. 개를 리드할 때 개의 머리 쪽에 있어야 한다.

사진 설명

1. 제시(Jesse)는 티터-토터를 만들기 위한 보드를 타이어 위에 올리기 전에 지면 위에 있는 보드를 따라 걸었다. 이제 개는 도우미가 장애물 위를 걷도록 격려하기 위해 장애물 위에 약간의 음식을 올려놓는 것을 지켜보고 있다.

2. 나는 한쪽 끝이 기울지 않도록 타이어에 보드를 균형 잡히는 방식으로 놓았다. 나는 제시의 가슴을 감아 두른 로프로 어깨 바로 뒤에서 이끌고 있다. 이것은 내가 방향을 통제하도록 돕는다.

3. 나는 보드가 아래로 기울면 제시를 멈추도록 했다. 나는 제시의 목줄과 가슴 고리로 지지해서 차분하게 기다릴 수 있게 했다.

4. 우리는 티터-토터를 올려 더 가볍게 만들었다. 제시가 가운데에 서 있어 동작에 익숙해지는 동안 나는 보드에 내 무게를 더해 아래로 천천히 내려가게 만들었다.

균형, 민첩성 그리고 자신감을 위해

보드 워크(Board Walk)

보드 워크는 자신감을 길러주고 어질리티와 다른 독 스포츠를 위한 훌륭한 준비이다. 재미를 떠나 당신과 개가 얻을 수 있는 것은 이 활동으로 개의 민첩성, 균형 그리고 자신감이 향상된다. 낮은 보드 워크는 에이-프레임(A-Frame),[1] 티터-토터를 위해서 그리고 높아진 보드 워크는 잠재적으로 민첩한 개들을 위한 좋은 준비가 된다. 개는 좁은 판자에서 떨어지지 않고도 쉽게 걷는 법을 배울 것이다. 당신은 차량 타이어들, 플라스틱 또는 나무 블록들을 사용해 발판을 올릴 수 있다.

---

1 어질리티 장애물의 한 종류로 오르고 내려오도록 보드를 A자형으로 만들어 배치

방법

사진 4에서, 나는 보드 워크의 가장 쉬운 형태를 보여 주고 있는데 이것은 놀라운 결과를 만들어 낼 수 있다. 장애물을 높이고 더 어렵게 만들어서 당신에 대한 개들의 신뢰를 높이고 자신감을 갖게 하는 값진 경험을 하게 된다. 개가 급하게 서두를 때는 밸런스 리쉬, 하네스 또는 헤드 홀터를 사용한다. 당신의 목표는 개의 지각을 증가시키며 천천히 걷도록 하는 것이다. 만약 개가 급하게 서두르면 장애물 중간에서 개를 정지시킨다.

개에게 더 요청하기 전에, 개의 나이, 건강 그리고 견종을 생각한다.

메모: 척추 질환, 고관절 이형성증 또는 관절염이 있는 개의 경우는 에이-프레임이나 높은 보드 워크를 해서는 안 된다.

사진 설명

1-2. 밸런스 리쉬와 헤드 홀터로 리드하기

가비는 사진 1에서 그녀의 개를 밸런스 리쉬로 리드하고 있고, 사진 2는 헤드 홀터에 두 손을 모두 사용하는 것이다. 당신은 퀴비베가 여전히 자신의 균형을 찾으려고 시도하는 것을 첫 번째 사진에서 볼 수 있다. 가비는 리드줄을 그녀의 엄지와 검지 사이에 두어 매우 가볍고 정확한 신호를 줄 수 있도록 하고 있다. 두 번째 시도에서, 헤드 홀터를 착용하고(사진 2), 가비는 더 이상 그녀의 개를 도와줄 필요가 없으며 퀴비베는 균형 있게 그리고 자신감 있게 널빤지를 따라 걷는다.

3. 하네스로 리드하기

자신의 개에게 하네스를 착용시키고, 더크(Dirk)는 그의 힘이 센 래브라도를 보드 워크를 해서 데리고 온다. 더크는 두 손을 느슨한 리드줄에 두고 있다. 개는 집중하고 좋은 균형으로 걷고 있다.

4. 한 손으로만 리드하기

나는 한 손만 사용해서 하네스로 개를 어떻게 리드하는지 보여 주고 있다. 개가 자신감을 얻자마자, 그는 이 장애물을 스스로 습득할 수 있게 될 것이다—사람의 도움 없이.

폴, 카발레티와 스타
(Poles, Cavalletti and Star)

폴, 카발레티 그리고 스타로 활동하는 것은 개의 집중, 주의와 민첩성을 향상시킬 것이다. 개는 인식하여 움직이는 법을 배우게 된다. 또한 폴은 걸음걸이를 개선하고 쇼독들의 신체 단련에도 좋은 훈련이 되며, 어질리티 수업을 준비하는 개들에게도 효과가 있다.

사진 설명

1-2. 폴

나는 그레이(Grey)를 불균형하게 놓인 폴들로 리드하고 있다. 콘에 뚫린 구멍들은 우리가 끝을 다른 높이로 올릴 수 있도록 해 준다. 폴의 빨간 페인트는 중간 부분을 의미한다. 또한 나는 폴을 넘어가며 개가 무엇을 해야 하는지 보여 주고 있다. 개가 장애물에 익숙해지면 나는 옆으로 비켜 걸을 것이다.

3. 카발레티

조는 김리를 6개의 카발레티로 리드하고 있다. 김리는 폴의 중간을 통과해 가볍게 뛰고 그동안 조는 카발레티 옆에서 완드로 김리에게 방향을 보여 준다. 이 활동은 개의 걸음걸이와 가벼운 움직임을 향상시키는 데 사용한다.

4. 스타

여기서 김리는 6개의 폴로 된 스타를 지나며 조의 완드를 따라가고 있다. 김리는 안에서 걷고 있는데, 이것은 바깥쪽보다 더 어렵다. 왜냐하면 폴들이 더 높고 서로 가깝기 때문이다. 이것은 일반적인 협력을 향상시키는 데 훌륭한 활동이 된다.

개가 참여는 하지만 즐기지 않으면 무엇을 해야 하는가?

매번 성공할 때마다 개를 칭찬해야 한다. 만약 당신이 즐기고 재미있어 하면 개도 똑같이 느끼게 될 것이다. 또한 친구들과 그들의 개들을 초대하여 함께 훈련하는 것을 고려해 본다. 훈련을 사회적인 이벤트로 만드는 것은 당신과 당신의 개에게 모두 동기부여가 될 것이다.

121

래더와 타이어(Ladder and Tires)

래더와 타이어 활동은 어떤 개들에게는 도전이다. 물체의 다른 재료들과 형태들은 새로운 경험들을 제공한다. 각각의 활동은 개가 예측할 수 없는 방향으로 영향을 미친다. 래더 활동의 경우, 간단한 사다리를 지면에 둔다. 타이어의 경우, 4개에서 8개를 사용하고, 다양한 배열로 놓는다. 물체는 새롭고 일반적이지 않은 상황을 접하는 개의 자신감을 길러 줄 수 있는 도전을 위한 것이다.

방법

래더로 훈련할 때 당신의 개는 지금 하고 있는 것에 완전히 집중하고 사다리의 가로대 사이의 거리에 맞춰 보폭을 조절해야 한다. 만약 개가 무서워하거나 가로대 사이 공간에 발을 디디려 하지 않으면, 사다리 간격을 뛰어넘어 걷게 한다; 사다리를 건너 앞뒤를 지그재그로 몇 번 움직인다; 다른 개를 따라간다; 또는 사다리 가로대 사이에 간식을 놓아둔다. 만약 당신이 개가 사다리 전체 길이를 걷도록 돕고 싶고, 그 개가 다소 불안정하면, 당신은 사다리 한쪽을 벽 옆에 놓을 수 있다. 이 방식으로 당신은 개를 한쪽만 통제하면 되고 개는 사다리 바깥으로 나갈 수 없게 된다.

타이어로 훈련할 때, 당신의 개는 타이어의 바깥쪽 가장자리를 따라 걷는 것부터 시작한다. 개를 타이어들 가운데로 걷도록 해서 활동을 더욱 어렵게 만들도록 한다. 어떤 개들은 당신이 가운데에 간식을 놓아두면 동기부여가 될 것이다.

사진 설명

1. 완드로 리드하기

나는 테스를 목줄에 부착된 단순한 리드줄과 완드로 사다리를 가로질러 가도록 리드하고 있다. 테스는 주의를 기울이고 있고 장애물을 통과해서 걸어가며 자신의 머리를 낮추고 있다.

2-3. 하네스로 리드하기

안젤리카는 에디(Eddie)를 두 손을 이용해 사다리로 리드하고 있다. 개는 걱정하고 있고 그녀는 각 가로대 사이마다 간식을 떨어뜨린다. 이것은 개를 동기부여시키고 그가 열정적으로 다음 간식을 찾도록 하며 머리를 낮게 유지하고 장애물을 바라보게 한다. 사다리 끝에서 안젤리카는 개를 멈추고 그녀의 목소리로 칭찬해준다.

4. 타이어

그래디(Grady)는 두 살 된 스탠더드 푸들로, 처음으로 장애물을 지나도록 리드되고 있다. 완드로 개의 앞다리를 쓰다듬어주는 것은 그 개가 진정하여 당면한 일에 집중하는 것을 도와준다. 로빈은 그 개를 밸런스 리쉬로 이끌어서 그 개가 균형을 잡게 하고 앞으로 빠르게 나아가는 것을 막는다. 그래디가 걷는 것이나 만지는 것, 타이어가 닿는 것을 무서워하므로 타이어들의 열 사이에 공간을 두는 방식으로 배열하였다. 이렇게 하면 장애물이 간단해진다. 목표는 개가 성공하는 것이므로 초반부에는 장애물을 쉽게 만들고 점점 더 어려운 도전들로 한다. 이 방식으로 당신은 개가 타이어 사이를 걷도록 시작할 수 있다. 목표는 개가 타이어 가장자리를 따라 걷도록 하는 것이고 그 후에는 타이어들 중간으로 들어가게 하는 것이다.

콘으로 하는 슬라럼 (Slalom with Cones)

콘으로 만든 슬라럼으로 집중과 유연성이 강화될 수 있다. 이것은 또 다른 장애물인데 당신이 일반적인 개 어질리티 훈련에서 본 적이 있을 것이다. 이는 개들과 사람들 모두에게 매우 즐겁다. 처음에는, 리드줄을 하고 슬라럼을 연습하고 속도는 천천히 한다. 개가 무엇을 해야 하는지 이해한 다음에는 속도를 높일 수 있고, 마지막에는 리드줄을 뺄 수 있다. 당신을 직선으로 배열할 5개나 6개의 콘들이 필요하다. 시작할 때, 콘 사이의 거리는 적어도 개의 몸길이 정도는 되어야 한다.

방법

1-2. 콘 주위를 리드줄 없이 돌기

테스는 리드줄 없이 콘 사이를 뛰어다닌다. 나는 수신호와 신체 언어로 개를 지도하는 중이다. 개는 잘 협력하면서 내 오른손을 보며 가파른 커브의 콘을 돌아 달리는 중이다. 때때로 간식을 이용하는 것이 개가 이 운동을 하도록 동기부여 하는 데 도움이 된다는 것을 당신은 알게 될 것이다.

만약 당신이 훈련 수업 시간을 짧게 유지하면 당신은 개가 훈련 시간에 배운 것을 계속하는 것을 보게 될 것이며, 개는 그 다음 번에는 더 능숙해질 것이다.

사진 설명

1. 쇼니는 자신감을 얻기 위해 홀트와 바디 랩을 하고 있다. 로빈은 개에게 길을 보여 주며 개의 앞에서 걸어 가면서 쇼니를 콘 사이로 인도하기 위해 리드줄을 양손으로 사용하고 있다. 그녀의 왼손은 앞쪽에 있고, 그녀가 원하는대로 쇼니가 돌아야 할 방향을 가리키며 그녀의 오른손은 훨씬 뒤쪽에 두고 속도를 조절하는 것을 돕는다.

2. 로빈이 리드줄에 보내는 명확한 신호들은 회전을 강조한다. 쇼니는 콘에 최대한 가까이 서서 부드럽고 빠르게 대처하는 법을 배운다.

3. 슬라럼을 위해서는 집중이 중요하다. 양 방향에서 슬라럼 코스를 지나며 걷는 것을 연습시키고 개를 양쪽에서 이끌어 준다. 결과적으로 당신과 개가 모두 더 유연해질 것이다.

개가 콘을 놓치고 가면 무엇을 해야 하는가?

개들이 급회전이 어렵다고 생각할 수 있기 때문에 콘 사이의 공간을 늘린다. 그렇다면 개에게 회전을 어렵게 만드는 신체적 문제를 가지고 있는지 확인한다. 그렇지 않으면, 유연성이나 집중력이 부족할 수 있다. 콘을 지나는 다른 팀을 따라가는 것도 도움이 될 수 있으며 티터치들을 조금 해 주어 기동성과 균형을 향상시켜 주도록 한다.

부록

체크리스트

일반적인 원하지 않는 많은 행동들은 텔링턴 티터치 메소드로 변화시킬 수 있다. 이 체크리스트는 당신이 개의 건강과 행동을 변화시키기 위한 해결책을 쉽게 찾도록 만들어 줄 것이다. 물론 티터치는 수의사의 진료를 절대 대신할 수 없지만 동물 병원에 가는 동안 사용할 수 있고 몇 가지 질환을 예방하고 수의사가 진행 중인 치료를 지원해 준다.

개를 위해서	
낯선 사람과 수의사에 대한 두려움	이어 티터치, 라잉 레오파드 티터치
큰소리에 대한 두려움	테일 티터치, 마우스 티터치, 바디 랩, 이어 티터시
두려움과 흥분에 의한 배뇨	이어 티터치, 타이거 티터치
통제가 안 되는 짖음	헤드 홀터, 이어 티터치, 라잉 레오파드 티터치, 마우스 티터치, 이어 티터치
과잉 행동	코일드 파이선 티터치, 클라우디드 레오파드 티터치, 지그재그 티터치, 바디 랩, 헤드 홀터, 이어 티터치
수행 불안	이어 티터치, 마우스 티터치, 코일드 파이선 티터치, 릭 오프 더 카우스 텅
두려움과 불안정	이어 티터치, 마우스 티터치, 레그 써클, 테일 티터치, 바디 랩, 클라우디드 레오파드 티터치
수줍음	라잉 레오파드 티터치, 테일 티터치, 바디 랩
씹기	마우스 티터치
개를 향한 공격	헤드 홀터, 클라우디드 레오파드 티터치, 바디 랩, 다른 개와 리드줄 훈련
고양이를 향한 공격	헤드 홀터, 고양이와 있을 때 티터치, 바디 랩
리드줄 당김	헤드 홀터, 밸런스 리쉬, 장애물들, 클라우디드 레오파드 티터치
리드줄에 끌림	헤드 홀터, 바디 랩, 이어 티터치, 파이선 티터치, 레그 써클
차멀미	이어 티터치
차 안에서 안절부절	이어 티터치, 헤드 홀터, 바디 랩
빗질 문제	타란툴라 풀링 더 프로우, 헤어 슬라이드, 양가죽으로 티터치, 코일드 파이선 티터치
목욕 문제	이어 티터치, 코일드 파이선 티터치, 헤어 슬라이드, 목욕 전과 목욕 중에 레그 써클
발톱 깎음 문제	다리에 파이선 티터치, 발과 발톱에 라쿤 티터치, 레그 써클, 발로 티터치
극심한 부상 후	병원 가는 도중 : 이어 티터치, 상처 부위를 제외한 몸 전체에 가벼운 라쿤 티터치
상처	라쿤 티터치, 라잉 레오파드 티터치
수술 전	이어 티터치, 라잉 레오파드 티터치

열	병원 가는 도중 : 이어 티터치
사고 후 쇼크	병원 가는 도중 : 이어 티터치, 그 다음에 라잉 레오파드 티터치
관절염	파이선 티터치, 라쿤 티터치, 이어 티터치, 바디 랩
엉덩이 문제	매일 라쿤 티터치, 파이선 티터치, 테일 티터치
이가 남	차가운 천으로 마우스 티터치
소화 장해	이어 티터치, 벨리 리프트, 배에 라잉 레오파드 티터치
복통	병원 가는 도중 : 이어 티터치, 벨리 리프트
민감한 귀	라마 티터치, 양가죽으로 라잉 레오파드, 라잉 레오파드 티터치, 머리를 받쳐주면서 몸와 가까운 귀에 원 그리기
근육통	파이선 티터치, 코일드 파이선 티터치
위로 오르기 또는 계단 오르기 문제	바디 랩, 벨리 리프트, 파이선 티터치, 타란툴라 풀링 더 플로우, 테일 티터치, 이어 티터치, 릭 오프 더 카우스 텅
알러지	베어 티터치, 이어 티터치, 클라우디드 레오파드 티터치
가려움	타이거 티터치, 수건을 대고 베어 티터치
암컷	
임신	벨리 리프트, 배에 라잉 레오파드 티터치와 코일드 파이선 티터치, 라쿤 티터치, 이어 티터치
출산 중 지원	이어 티터치, 라이 레오파드 티터치, 파이선 티터치, 코일드 파이선 티터치
강아지 거부	이어 티터치, 젖꼭지에 따뜻한 수건을 대고 라이 레오파드 티터치, 마우스 티터치
임신 문제	이어 티터치, 테일 티터치, 엉덩이 코일드 파이선 티터치, 클라우디드 레오파드 티터치
수컷	
수캐들에 대한 공격	헤드 홀터, 라비린스, 완드, 다른 개들과 같이 리드하기, 저니 오브 더 호밍 피전, 중성화
강아지	
이가 남	마우스 티터치
수유 거부	마우스 티터치, 이어 티터치, 혀에 가벼운 티터치, 몸 전체에 라쿤 티터치
사회화	마우스 티터치, 이어 티터치, 클라우디드 레오파드 티터치, 테일 티터치, 발에 티터치
발톱 깎기	다리에 파이선 티터치, 발과 발톱에 라쿤 티터치

감사의 말

많은 사람들이 이 책을 준비하고 독일어를 영어로 번역하는 데 기여하였으며 나는 그것이 가장 감사하다. 나의 첫 번째 감사 인사는 미국 출판업자 캐롤라인 로빈스인데, 그는 믿을 수 없을 정도로 도움을 주었고 나와 함께 책의 일부분을 편집하고 작업하는 데 무한한 시간을 보냈다. 캐롤라인, 당신의 인내와 헌신에 감사한다.

그리고 크리스틴 슈왈츠, 이 책을 영어로 번역하고 헌신해 준 데 대해, 그리고 그 문서 정리를 해 준 크리스틴 헨리에 대해서도 감사한다(캐롤라인이 유럽에서 나를 찾을 수 없었을 때!). 데비 포츠는 독일에서 수업이 끝난 후 늦은 밤 편집을 하고 때로는 새벽 시간까지 일한 것에 찬사를 받고 있다. 이 책의 최종 편집을 한 레베카 디디에게 감사한다.

이 책의 초판을 위한 독창적인 비전을 가지고 있었던, 독일어로 이번 2판의 레이아웃과 화보 촬영, 구성을 책임지고 있는 구드런 브라운에게 진심으로 감사한다.

스트레스에 관한 부분에서 나와 함께 일해 준 캐린 프라일링과 카밍 시그널 부분에 기여한 캐시 캐스케이드에게 감사한다. 그리고 편집 과정에서 구드런을 보좌해 준 가비 마유, 비비 덴, 캐린 프라일링 덕분이다.

내 여동생 로빈 후드는 텔링턴 티터치의 개발을 오랫동안 지원해 주었고, 전 세계에서 티터치를 가르치고, 1984년부터 국제 텔링턴 티터치와 TTEAM 뉴스레터를 편집해 주었다!

이번 2판에 우리의 가장 경험이 많은 강사들과 실무자들의 지혜로운 말들을 포함시키는 것이 내 소망이었다. 뉴질랜드와 일본으로 티터치를 가져간 에디 제인 이튼과 데비 포츠에게, 그리고 모든 개들, 고양이들과 작은 생물들(그리고 그들의 사람들)을 위해 그들의 삶을 풍요롭게 해 준 캐시 캐스케이드, 비비 덴, 캐린 프라일링, 카트자 크라우스의 숙련된 가르침에 감사드린다. 다니엘라 주르와 마티나 심머의 수의 실습 대한 경험을 레포트해 준 것에 대해 깊은 감사를 표한다.

가비 메츠와 그녀의 파트너 마크 헤프너와 함께 새로운 사진을 촬영하는 것도 멋진 경험이었다. 당신 둘 덕분이다.

캐린 프라일링, 가비 마유와 리사 라히트가 화보 촬영에 도움을 준 것과 헬라 코스가 이것을 정리해 준 것에 감사드린다. 더크 코스, 르네이트 재니쉬, 실비아 오스왈드, 안젤리카 스탈, 엄가드 멘드, 브리짓 위간드가 그들의 개를 데려와 준 것에 대해 또 다른 큰 감사를 표한다.

코넬리아 콜러는 삽화를 아주 잘 그렸다.

또한 나는 코스모스 출판사의 알무트 시벤에게 20년 넘게 내 작품을 지지해 준 것에 대해 감사하고 싶다.

뉴멕시코에 있는 우리 사무실을 매우 순조롭게 운영해 준 크리스틴 헨리, 캐롤 랭, 주디 스푼하워드, 홀리 산체스 덕분이다.

영국의 티터치 강사인 사라 피셔와 티나 코스탄스, 남아프리카 공화국의 유지니 쇼팽, 스위스의 리사 라히트와 테레사 코타렐리 군터, 이탈리아의 바렐리아 보이세르, 네덜란드의 실비아 해브만과 모니크 스타링, 오스트리아의 마틴 라쎄와 도리스 프리싱거, 일본의 데비 포츠와 로렌 맥콜 등 전 세계 티터치 트레이닝 주최자들에게 감사드린다.

내가 아무리 늦게까지 글을 써도 내 곁에 있어 주고 수많은 시간 동안 훌륭한 편집을 해 준 남편 로랜드 클레거에게 감사한다. 전 세계에서 이 활동을 가르치는 우리 모두처럼, 로랜드는 "한 번에 하나의 티터치로 세계를 바꾸는 것"에 전념하고 있다.

색인

TTouch® for Unleashing Your Dog's Potential

스크롤 안내

이 비디오테이프의 개인적 시청 이외 목적으로 사용되는 것은 법적으로 금지되어 있다.

연방 저작권법이 이 프로그램을 보호힌다.

어떠한 목적으로도 전체는 물론, 일부 복사도 허용되지 않는다.

텔링턴 티터치 메소드는 수의적 치료에 유용한 보충제이다.

그것은 수의사의 전문적 기술을 대신하는 것은 아니다.

당신이 동물들에게 실행할 때마다, 위험은 수반된다. 이 방법을 특별한 상황에 적용할 때 판단이 요구된다.

안전을 최우선으로 해야 한다.

보여 주는 기법의 사용자들은 자신들의 실행과 적용에 있어 모든 책임이 따른다.

당신이 하는 일에 무슨 일이 발생하여도 트라팔가 스퀘어 출판사, 린다 텔링턴 존스 또는 이 프로그램과 관련된 누구도 법적 책임 또는 책무가 없다.

‖ 0:50
Linda Tellington-Jones has been known worldwide for more than 25 years as an animal expert, trainer, teacher, and author.
린다 텔링턴 존스는 세계적으로 25년 이상 동물 전문가, 훈련사, 교사와 작가로 알려져 왔다.

‖ 1:00
With the Tellington TTouch she has developed the new way to work with and communicate with animals without force.
텔링턴 티터치는 강요 없이 동물과 의사소통하고 활동하는 새로운 방법으로 발전되어 왔다.

‖ 1:10
The TTouch teaches the animals to think and it enhances and maintains health and improves performance.
티터치는 동물들이 생각하게 가르치고 건강을 유지하고 향상시키고 수행을 향상시킨다.

‖ 1:13
It changes undesire behavior and will deepen your relationship with all animals.
바람직하지 않은 행동을 변화시키고 당신과 모든 동물들과의 관계를 깊게 해 준다.

‖ 1:24
The Tellington TTouch Method is comprised of circular TTouches, lifts and slides done with the hands all of the body.
텔링턴 티터치 메소드는 몸 전체에 손으로 하는 써클 티터치, 리프트 그리고 슬라이드로 구성된다.

‖ 1:32
The Tellington Touch has been called TTouch that teaches. Because it improves dog's ability to learn.
텔링턴 터치는 가르치는 티터치로 불려져 왔다. 왜냐하면 개의 학습 능력을 향상시키기 때문이다.

‖ 1:38

You will also discover that reduces the stress, increases tension span, and enhances relaxation, and promotes well-being.

당신은 스트레스가 감소하고 긴장 시간을 줄이고 더 편안해지고 웰빙이 증가하는 것을 발견하게 될 것이다.

‖ 1:58

It increases the dog's intelligence which is defined as the ability to adopt to new situations.

그것은 새로운 상황을 적응하는 능력으로 정의되는 개의 지능을 향상시킨다.

‖ 2:05

The TTouch Method is beneficial for all dogs, whether they are companions, working, sporting or show dogs.

티터치 메소드는 그 개들이 반려견, 사역견, 스포츠 또는 쇼독들이든 모든 개들에게 이롭다.

‖ 2:20

The goal of Tellington TTouch is cooperate healthy and happy dog. The intend of circular TTouches is to activate the life force of the cells.

텔링턴 티터치의 목표는 건강과 행복한 개의 조합이다. 써클 티터치의 목적은 세포의 생명력을 활성화시키는 것이다.

‖ 2:31

During biofeedback studies on horses in the 80's, we discovered surprising phenomena that all four brain waves are activated with circular TTouches.

80년대 말에 대한 바이오피드백 연구들에서 우리는 4개의 모든 뇌파가 써클 티터치로 활성화되는 놀라운 현상을 발견했다.

‖ 2:42

This is not happened with stroking, padding or massage.

이것은 쓰다듬기, 만지기 또는 마사지로 인해 일어나지는 않는다.

With circular TTouches the skin is moving 1 and 1/4 circle usually clockwise

써클 티터치들은 시계방향으로 1과 1/4의 원으로 피부를 움직인다.

‖ 2:53

There are over a dozen TTouches and hand positions.

12개 이상의 티터치들과 손의 움직임이 있다.

"On a dog, like this you can just try all different TTouches..."

"이처럼 개에게 당신은 모든 다양한 티터치를 시도할 수 있다..."

‖ 3:03

Linda has given the TTouches animal names to make the work fun and easy to learn.

"And we call Tarantula pull the plow.."

린다는 티터치에 재미있게 행하고 배우기 쉽게 동물 이름을 붙였다.

"그리고 우리는 이것을 타란툴라 풀링 더 플로우라고 부르는데.."

‖ 3:16

Special TTouches have been developed for the work on the mouth, tail and legs and on the ears as you see here.

특별한 티터치들은 입에, 꼬리에, 다리에 그리고 여기서 보는 것처럼 귀에 할 수 있도록 발전되어 왔다.

‖ 3:26

Linda will now guide you through the different TTouches on a variety of dogs.

이제 린다는 다양한 개들에게 여러 가지 티터치들을 하는 것을 안내할 것이다.

저자 약력

린다 텔링턴 존스는 동물들의 행동에 대해 호평을 받고 있는 권위자이며 모든 동물들을 위한 획기적인 텔링턴 티터치® 바디워크와 훈련 방법으로 유명하다. 텔링턴 메소드가 처음 만들어진 것은 40년 전으로 사람들이 동물과 관계가 더 깊어지도록, 더 온정스러운 방법-이종 간의 연결을 장려하고 사람들과 동물의 신체, 마음과 정신을 존중하는 방법-으로 관계를 형성하는 동물 훈련 시스템으로 만들어졌다.

린다는 텔링턴 메소드로 동물-인간의 유대관계 델타 소사이어티 학회, 수의학 학회, 대학들, 동물 매개 치료 프로그램, 서비스 독 훈련 센터, 미국 인간연맹 학회, 치료 승마 학회, 올림픽 트레이닝 센터, 야생동물 재활 센터와 여러 나라의 동물원에서 수많은 연설을 해 왔다. 그녀의 방법에 관한 19권의 서적이 발간되었고 13개 언어로 출관되었으며 개, 고양이, 말, 라마와 인간에 관련된 18개의 비디오가 발매되었다.

1984년에 린다는 말을 위한 텔링턴 메소드 인증 프로그램, 1995년에는 현재 28개국에서 교육되는 개와 다른 반려동물을 위한 인증 프로그램을 개발하였다. 2002년에 "TTouch-for-You"라는 인간을 위한 인증 프로그램을 유럽에서 시작했다. 전 세계적으로 텔링턴 메소드를 수료한 프랙티셔너가 1,600명이 넘는다. 린다는 동물들과 그들의 보호자를 위한 이해와 온정의 메시지를 전파하는 데 열정적이다. 그녀는 남편 로랜드 크레거, 웰시코기 래인과 하와이에서 살고 있다. 더 많은 텔링턴 메소드에 관한 정보는 www.ttouch.com에서 만날 수 있다.

역자 약력

김혜정

(현) 지오디독 대표
(현) (사)한국고양이연맹 이사
(현) 디지털서울문화예술대학교 반려동물학과 외래교수
(현) 서울예술실용전문학교 애완동물계열 외래교수
(현) 미국 Tellington TTouch Practitioner for Companion Animals 과정
(현) 미국 켄넬 클럽 CGC Evaluator
(현) EBS펫 에듀 반려동물종합관리사 강사
(전) 서울호서예술실용전문학교 애완동물계열 외래교수
(전) 서울호서직업전문학교 반려동물계열 외래교수
(전) 천안연암대학교 애완동물학과 외래교수
(전) 매너 & 서비스 연구소 소장
(전) 대전 엑스포 한국IBM관 강사
(전) 한국산업개발교육원 강사
(전) 대한항공 객실승무부 승무원
이화여자대학교 경영대학원 석사
경희대학교 경영대학원 최고경영자과정 수료
고려대학교 컴퓨터정보통신대학원 ICP과정 수료
일본 동경 FLASH 서비스 교육 및 강사과정 수료
(사)한국애견협회 심사위원 교육과정 수료
(사)한국애견연맹 동물복지 강사과정 수료
경기도 반려동물 교육자 양성과정 수료
(사)한국애견연맹 FCI 국제 아질리티 세미나 교육과정 수료
한국마사회 승마훈련원 초급과정 수료
마포구 자원봉사대학 과정 수료
서울산업진흥원 FTA 무역실무 교육 수료
미국 Kinesio University CKTT(Certified Kinesio Taping Technician) Level 1, 2 수료
미국 카렌 프라이어 아카데미 Dog Trainer Foundation 수료
미국 카렌 프라이어 아카데미 Dog Trainer Comprehensive 수료
미국 켄넬 클럽 Canine College AKC FIT DOG LEVEL 1 수료
경기도청 요양보호사 1급
한국청소년문화육성회 심리상담사 1급
(사)한국애견연맹 훈련사 3등
(사)한국애견연맹 핸들러 교사
(사)한국애견연맹 반려동물종합관리사
대한적십자사 응급처치 강사
국제라이온스협회 무궁화교사 대상
(사)한국애견연맹 핸들러 콘테스트 장려상

당신의 개와 티터치 입문하기

초판발행	2021년 2월 26일
중판발행	2023년 11월 15일
지은이	Linda Tellington-Jones
옮긴이	김혜정
펴낸이	노 현
편 집	윤혜경
기획 / 마케팅	김한유
디자인	BEN STORY
제 작	고철민 · 조영환
펴낸곳	㈜피와이메이트
	서울특별시 금천구 가산디지털 2로 53, 한라시그마밸리 210호(가산동)
	등록 2014. 2. 12. 제2018-000080호
전 화	02)733-6771
f a x	02)736-4818
e-mail	pys@pybook.co.kr
homepage	www.pybook.co.kr
ISBN	979-11-90151-38-2 03490

*파본은 구입하신 곳에서 교환해 드립니다. 본서의 무단복제행위를 금합니다.

정 가	13,000원

박영스토리는 박영사와 함께하는 브랜드입니다.